大厨必读系列

麻辣江湖
辣椒与川菜

舒国重　朱建忠　著

蔡名雄　摄影

中国纺织出版社有限公司

图书在版编目（CIP）数据

麻辣江湖：辣椒与川菜 / 舒国重，朱建忠著 . - -
北京：中国纺织出版社有限公司，2020.9（2025.1 重印）
（大厨必读系列）
ISBN 978 - 7 - 5180 - 7690 - 1

Ⅰ . ① 麻 … Ⅱ . ① 舒 … ② 朱 … Ⅲ . ① 川菜 - 菜谱
Ⅳ . ① TS972.182.71

中国版本图书馆 CIP 数据核字（2020）第 136832 号

原文书名：玩转辣椒：玩出一菜一格，转化百菜百味
原作者名：舒国重，朱建忠
© 台湾赛尚图文事业有限公司，2020
本书简体版由赛尚图文事业有限公司（台湾）授权，由中国纺织出版社
有限公司于中国大陆地区独家出版发行。本书内容未经出版者书面许可，
不得以任何方式或任何手段复制、转载或刊登。

著作权合同登记号：图字：01-2020-5032

责任编辑：舒文慧　　责任校对：王花妮　　责任印制：王艳丽

中国纺织出版社有限公司出版发行
地址：北京市朝阳区百子湾东里 A407 号楼　邮政编码：100124
销售电话：010 — 67004422　传真：010 — 87155801
http://www.c-textilep.com
中国纺织出版社天猫旗舰店
官方微博 http://weibo.com/2119887771
北京华联印刷有限公司印刷　各地新华书店经销
2020 年 9 月第 1 版　2025 年 1 月第 3 次印刷
开本：787×1092　1/16　印张：18
字数：320 千字　定价：98.00 元

推荐序 ❶
辣，您值得拥有

中国烹饪主要流派有川菜、京菜、鲁菜、淮扬菜等。

川菜作为全国主要流派之一，享有历史悠久、举世闻名、清香与醇浓并重、善用麻辣、变化万千、造型精美的佳誉。

欣闻舒国重和朱建忠师徒俩，即将出版《麻辣江湖：辣椒与川菜》一书，介绍川菜用辣椒调味的独到理解，同时对辣味在川菜中的重要作用逐一说明，并详细介绍了辛辣味、香辣味、鲜辣味、煳辣味、麻辣味、泡椒辣味、豆瓣酱辣味、酸辣味等。

辣椒类型从工艺加工上可分为干辣椒、辣椒粉、鲜辣椒、泡辣椒、酿渍辣椒五大类，辣椒中的辣椒素是让人感到辛辣的成分，在菜肴的调味中是刺激性最强的味道，能赋予食物辛辣味。各类辣椒的基本作用如下：干辣椒经过适当的油温激发辣椒的香味，具有发汗除湿之效；使用川西坝子的黄菜籽油与辣椒粉加工成辣椒油就能获得香辣味；鲜辣椒在菜肴里起着增色、增辣的作用，其中辣味与鲜清香可以醒脑提神、刺激食欲；泡辣椒具有增色、提味、开胃，酸香爽口的效果；酿渍辣椒原是储存辣椒的手段，用于调味能为菜肴带来酱香与微辣感，让滋味变得醇厚。

辣椒可以刺激食欲和帮助消化，烹调上辛辣有增香、解腻、去异味的作用，烹制川菜用到辣椒时应遵循"辛辣不烈"的原则，掌握恰当用量以做到辣而不燥、富有鲜香。以上是本人对辣味的一点见解。

我从事川菜餐饮行业四十九年，编著有《四川菜系》《川菜大师烹调绝招》《炊事良友》……对两位作者在本书中介绍的辣椒品种、产地、处理加工、辣度及各种辣椒对应的菜品开发、运用总结十分赞赏，全面而详细，故作序推荐此书。此书的出版填补了川菜系工具书籍中的空缺，且图文并茂，是值得读者朋友细读的一本好书。

川菜大爷

2020 年 3 月 11 日

推荐序 ❷
"玩转辣椒" 全新的体验

辣椒进入中国已有数百年的历史，现在许多地区都有种植，四川民间习惯称辣椒为"海椒"，意为海外传入的植物，辣椒品种众多，颜色五彩缤纷，早已成为中国烹饪中的一个重要调味料，给中国烹饪增加了许多发挥空间。

在川菜中辣椒本身就是一个重要调味原料大类，包含著名的郫县豆瓣酱、红油辣椒酱、泡鱼辣椒和各种泡辣椒、鲊海椒、红油辣椒、干辣椒等不少的辣椒调味料，为全国乃至世界各地的美食者烹制出许多四川的美味佳肴。

中国人对辣椒的运用中以川菜最为突出，结合花椒等调味品创造出众多特殊味型，如鱼香味、麻辣味、怪味、红油味、煳辣味、酸辣味、泡椒味、家常味等多种味型。四川人不仅爱用辣椒、花椒，而且善于使用辣椒、花椒等调味品，被世人称奇。这也是川菜的一大特点和优势，因而深受世界美食者们喜爱。

这本书的两位作者，舒国重和朱建忠师徒俩均为中国烹饪大师，他们用自己数十年的烹饪工作经验与精湛技艺为川菜的传承和创新作出了自己的贡献。他们先后编写了《佳肴菜根香》《四川江湖菜》《经典四川小吃》《四川小吃大全》《经典川味河鲜》《经典川菜》《重口味川菜》等诸多著作，为川菜和四川小吃的传承与发展留下了珍贵的资料。

舒国重和朱建忠合作的新书《麻辣江湖：辣椒与川菜》更是将传统辣椒（麻辣）味型的菜肴制作结合现代人的需求、口味的变化和对食物的新奇感，市场的演变、食材及调味品不断从海外引进等诸多因素，根据他们自己的烹饪感悟、工作经验和创新理念编写的一部全新的辣椒菜肴制作及原料的指南，丰富了以辣椒为主要调味品，配以各种主、辅原料、调味料而烹饪制作的菜肴。

《麻辣江湖：辣椒与川菜》是一本全面介绍各种辣椒原料、辣椒酱料、调味料、菜肴的资料书，让我们更多地了解辣椒，认识辣椒。七个篇章介绍了辣椒简史，辣椒品种及110多道辣椒菜肴，许多菜品深受广大读者的喜爱，具有很大的市场价值。不管是专业的烹饪工作者或家庭烹饪都可以学习、参考和借鉴。

左起：朱建忠、舒国重、张中尤、蒋学伟、陈建波等中国川菜张氏门派五代传承。

中国烹饪大师

张中尤

2020 年 3 月 13 日

推荐序 ❸
传承经典 借古开新

　　朱建忠兄乃当今川菜界之翘楚，烹饪技艺精妙绝伦，声名远播。我与建忠兄相识于郫县大千河畔酒楼，一路从食客变为好友。多次品尝他烹制的河鲜，其色、香、味俱佳，赞叹之余让我深感有如此口福可谓此生之大幸也。

　　年前，欣闻建忠兄与其师父舒国重大师联手合著的《麻辣江湖：辣椒与川菜》即将面世，在惊讶之余让我甚为期待。近日，建忠兄忽命我为其专著作序，此非我专业，实不敢造次，但建忠告知，此书系他与师父的合著，有着传承创新的意义，望延请川菜界外的人士来谈谈川菜，而书法与烹饪皆为中华文化之传统，历代书画大家，如欧阳询、柳公权、怀素、苏轼、米芾、黄庭坚、吴昌硕、张大千等皆与烹饪有不解之缘。因此，尤其希望书法界的专业人士站在传统艺术之本体立场来谈点看法与感受。念及情谊，斗胆为之，诚惶诚恐。

　　中国人对于吃的看重，一句"民以食为天"即可概之，并早早地上升到了文化的高度。关于吃的文化，作为中华传统文化的重要内容，它与包括书法在内的其他文化形态一样，皆贯穿于中华传统文化的古与今。我想，好吃与爱吃在这样一个"民以食为天"的国度里，皆为我们一生的共同追求。但吃什么、怎么吃，还要吃出文化，以文化的态度去观照吃的问题，并赋予吃深刻的文化内涵，吃出一种人生态度、价值取向与审美判断，进而由吃体道、悟道者，唯有国人尤其是国人中之文人雅士能如此这般。这可从南北朝人虞悰《食珍录》、宋人林洪《山家清供》、清人李渔《闲情偶寄》、清人朱彝尊《食宪鸿秘》以及清人袁枚《随园食单》等众多著文论述中一览风采并窥其堂奥。为此，我自然钦佩这些能把做出来的美味佳肴，尤其是自己能做出来、吃到嘴的说出个子丑寅卯，讲得个头头是道，写得是津津有味、口舌生香的文人高士。在我的心目之中，这才是吃的最高境界，这样的人才称得上真正的美食家和烹饪艺术家，而建忠兄与其师父国重大师就是我心目中这样的高人。

　　我生长于素有川菜之魂的郫县豆瓣原产地四川郫县，虽自幼喜爱书画并以书法立定人生之根本并毕生追求，但我也好吃，也爱吃。虽时常赞叹其他菜系的精美风味与烹饪技艺，但川菜伴我一生，已入我魂，自然要自美其美。虽算不上一位美食家，但在我的记忆中，传统川菜里有史记载且耳熟能详的仅肉类、蔬菜类、豆腐类经典菜品就有174道，加之川菜在当代的创新发展，可谓灿若星河。川菜分红白二味，我尤喜爱红味中的麻辣鲜香，对其变化多端、出神入化的以辣调味，流派纷呈且脍炙人口的各地方风味时常是情不自禁。也常常将川菜之烹饪技艺与四川书法之地域风格的形成与发展加以比较，时常揣摩，互为滋养与借鉴，始终认为二者性理同源、品味相合、情趣相通，同属巴蜀文化中不可或缺的重要内容，均对川人的人生态度、生活方式、价值取向、审美意趣及审美判断产生着深刻的影响。

其一，就其性理，二者精神内质均讲求品味与气格的高低，都以和合、雅正为其精神主体并为其追求的最高审美理想和所表达的全部情感内容，而这一理想追求的实现在其文化立场上则与儒、释、道三家相容，并由此建立起了自成体系且具巴蜀文化特质，体现了川人深刻辩证智慧的生成之理与生形之法。

其二，就其传承，二者各自建立起的一整套技艺规范，均是对前人经验的叠加，对整套技艺规范的传承均以登堂入室、回归经典、返本溯源、由技入道为其不二法门。而其自家面目、风格流派的形成，亦均是在个体思想倾向、生活阅历、心性气质、文化修养、时代及地域特征、特定的文化条件与生存状态等诸多因素的综合作用与影响下，在情之所至、物我皆忘的境界里借古开新，通过对经典赋予新的诠释中所实现的水到渠成。

其三，虽道不远人，但要自成家数，开宗立派，二者均应是心性、性灵的真情贯注。由技入道的进阶过程均得正其心，诚其意，并在据于德、依于仁、游于艺的历练中参透古今。因此，唯有品德高尚、技艺精湛、境界超迈者方能在有所为有所不为中实现主客体的契合而相成意趣，方能在师古而不泥古中证得冲气和合、求得雅正，方能在借古开新、博采众长的营造之中不拘格套并赋予其深刻的文化内涵。

再看这部灵活运用辣椒的烹饪专著，就其文化立场与思想境界均得中华传统文化之真味，亦具巴蜀文化之特质且博采众长，顺时、顺势而为。我相信，它的面世，必将给众多美食爱好者，尤其是众多川菜追随者开启一扇大门，我们既可从中看到早期川菜传统经典与当代流行经典在菜品、烹饪观念、工艺手法之间的异同，也可一窥川菜精髓一脉相承的轨迹与路径。通过这部专著，我也相信，它能让众多好吃者真切地感知舒国重大师和建忠兄师徒二人对待川菜传统，对待川菜在当代的传承与创新中坚持返本溯源、博采众长、借古开新的这种继承经典的态度与担当。通过这部专著，也让我更加坚信，看待传统，虽好恶随心，但是匠人或艺术家则高下立判。站在文化的立场，在中华传统文化之大一统中，书法与烹饪同为不可缺失的艺术形态，二者异曲同工，殊途同归。

烟火人间三千年，今天又绽放一朵不一样的烟火。

国家一级美术师
中国书法家协会理事
四川省书法家协会主席

2020 年 3 月 15 日

推荐序 ❹
辣椒无间道
——玩转辣椒的艺术

巴蜀大地，自古就尚滋味，好辛香；重吃喝，善玩味。玩味川菜，就是玩川菜的味，就是玩辣椒。玩就是研究，玩就是体味，在玩中求变化，在玩中求出新。的确，世人恐怕难以想象到，辣椒在中国诸多省份和地区中是最晚在巴蜀大地落地生根的。然而近300年间，川人却把这姗姗来迟的辣椒，玩得风车斗转，八面风光。这个从南美万里迢迢跨洋越海而来的"洋辣妞"，在天府蜀地生根开花变成了地道"川妹子"，且与土生土长的花椒"小麻哥"惊天艳遇，一举成为天地间之风味绝唱。

事实上，川人嗜辣更喜香，嗜辣则有朝天椒、七星椒、小米辣、野山椒；喜香便有二荆条、子弹头。川人把辣椒分得细腻入微、层次清晰。从辣椒形态上，就将辣椒玩出了干辣椒、辣椒粉、油辣子、刀口椒、剁椒、豆瓣酱、香辣酱、鲜椒酱、辣椒油、泡辣椒、泡椒红油、豆瓣红油、腌辣椒、伏辣椒、糟辣椒、鲊海椒、鱼辣子、腌辣椒、烧椒、搓椒等。

风味上，更与其他调味料巧妙配搭，制成了红油味、麻辣味、酸辣味、甜辣味、咸辣味、鲜辣味、煳辣味、豉椒味、糟辣味、鱼香味、酱辣味、家常味、怪味、陈皮味、烟香味、泡椒味等，呈现出一辣一滋、百辣百味的风味特色，使辣椒之辣与辣椒之香层次分明，辣而不燥、辣而不烈、辣中品香、香中品辣，辣得是七滋八味、韵味深长，辣得精神振奋、神采轩扬。

川人尤将辣香之味分成十余种。有"清香辣"，即是辣味淡薄、清香宜人的新鲜二荆条青椒；"鲜香辣"，即新鲜青辣椒、红辣椒、鲜红小尖椒，鲜辣香醇；"醇香辣"，也叫"酱香辣"，即郫县豆瓣、元红豆瓣、香辣酱，醇浓酱香；"煳香辣"，也叫"炝香辣"，即热油煎炸干辣椒所产生的煳辣炝香；"鱼香辣"，是用泡辣椒或鲜豆瓣，结合姜葱蒜、盐糖醋所产生的鱼香辣味；"干香辣"，即干辣椒或辣椒粉烹调的菜肴；"酸香辣"，即泡椒辣椒、野山椒等带有浓郁乳酸香辣味；"油香辣"，便是熟油辣子、油酥豆瓣、泡椒红油之独特的油亮滋润香辣味；"椒香辣"，即花椒辣椒混合而出的麻辣风味；"豉香辣"，是酱豆豉和水豆豉与辣椒合用所带来的豉香与辣香；"蒜香辣"，是大蒜和辣椒组合产生的香辣蒜香；"糟香辣"，即用糟辣椒、鲊海椒所产生的糟香辣味；"芳香辣"，即用辣椒与葱姜的芳香辛辣味；"甜香辣"，加糖或甜红酱油烹调的香辣甜味；"卤香辣"，即多见于川菜红卤菜、火锅、冒菜的风味；"冲香辣"，即四川民间特有的"冲菜"或"辣菜"以及芥末与辣椒的混合辣味。

如此，辣椒被川人玩出了十几种形态，十几种味型，十几种辣香，更把辣味吃得千姿百态，风情万种。辣得香、辣得酥、辣得爽、辣得鲜、辣得滋味丰富、牵肠挂肚，皆是川人嗜辣的卓越境界。虽几千年来辣椒在南美及世界各地都有不俗的表现，但唯有在华夏四川盆地之世界美食之都，辣椒方得以芳姿尽显，雄风大展。

纵观天下食肆，辣椒在天府，无论在民间还是像舒国重及其爱徒朱建忠这样的大师名厨手里，"玩转辣椒"自当是一番令人匪夷所思，惊叹咋舌的饮食风情，一种神奇厨艺与辣椒文化之挥洒。此本佳作，十分珍贵，为你展现了辣椒"无间道"——玩转辣椒之川菜烹调的最高境界。

川菜文化学者
川菜美食作家

2020年03月06日

作者序 ①
有一种辣叫"川辣"

　　辣椒，四川人又把它叫"海椒"，意指从"海外"来的。辣椒最早产生于南美洲，于明末清初传入中国，从沿海一带逐渐向内地移植传播。四川是中国最晚引进栽种的省份，却不妨碍巴蜀川人的广泛应用，给巴蜀饮食生活带来了前所未有的好味道。

　　辣椒的引进让川菜有了新的活力和魅力，特别是辣椒和花椒（又称蜀椒）的完美联姻，可以说"花椒"若为川菜之灵，"辣椒"则是川菜的魂。

　　我认为川人喜爱辣椒的原因有以下三方面。

　　一、自古巴蜀人喜食辛辣，据东晋的《华阳国志》描述，川人饮食偏好就是"尚滋味、好辛香"。

　　二、地理和气候因素，四川气候潮湿，人容易患风湿病。常吃辣椒，可促进人体血液循环，还可以祛风湿。

　　三、川人天生节俭，辣椒及辣椒制品可刺激食欲增加胃口，如辣椒酱、豆瓣酱、泡辣椒、渣辣椒之类每餐只需吃一点，既下饭又省菜钱。现代成分分析更发现辣椒富含辣椒素，可促进肠胃蠕动，也富含利于人体健康的维生素C。

　　川厨及巴蜀人家用辣椒并非越辣越好，而是有特别的偏好、讲究"辛香"的辣感，让人过瘾而舒服的辣感，强调因人而异、因地而施、灵活使用不同辣椒品类和辣椒制品的烹调逻辑及滋味风格，这种辣感可称为"川辣"。因为从传统川菜到新派川菜，从酒楼菜品到居家菜肴，辣椒的应用烹制方式、用法都体现了川厨和巴蜀百姓人家特别重视"海椒"及其"玩法"，可说川菜对辣椒应用之广，菜式变化之无穷，是全球任何国家、国内任何菜系所不及的。

　　我出身在厨师世家，从小就耳濡目染地爱上做菜，也从父辈及老一辈师傅们手上接过了各种玩辣椒之风尚。到过不少国家事厨，走遍了中国大部分地区，接触各种菜系及菜式，也基本了解各省各地及一些国家烹制菜肴的辣椒用法，可惜的是川菜领域中还没有一本详细介绍辣椒及其应用的书，常想，如有一本详细介绍怎样识辣椒、用辣椒的书，也是为弘扬川菜文化尽了绵薄之力。

　　经过两年多的制作、编写，终于同徒弟朱建忠一起完成这本"心愿"之书，我想通过这本书尽可能向业内餐饮人介绍辣椒用得最好的中国菜系——川菜——在辣椒应用上常用及独特的技巧、方法，以及不同辣椒的不同用法，让世人了解川菜是怎样灵活地"玩转"辣椒，看到川菜在辣椒使用上的巨大优势。

　　当然，仅靠这本书是不可能完完全全展现巴山蜀水运用辣椒的所有方法，川菜之大、巴蜀之广，不乏稀奇古怪的辣椒"玩"法，但相信此书基本概括了四川绝大多数地区和厨界使用辣椒的方法。

2020 年 3 月 12 日

作者序 ❷
玩辣椒填空缺之路

我在这个行业里摸爬滚打锤炼30年了，随着餐饮行业的蓬勃发展，近几年无辣不欢已成为年轻一代的美食向往与喜爱，但却有着从厨师到美食爱好者似乎都与辣椒"不熟"的现象，从辣椒品种、产地到辣度、香味、长相及辣椒怎么运用到菜肴里面，大家都懵懵懂懂。

一天，我和恩师舒国重、向东老师等一起喝茶摆龙门阵，聊到现在全国上下餐饮业的一个奇怪现象：做川菜时偏离了正规餐饮的烹调技法与"一菜一格，百菜百味"的要求，四处充斥着大麻大辣、特辣之外还是辣的菜，生意却是火爆的不得了的餐馆。然而，川菜的正规味型中，老一辈的烹饪艺术家们早将辣椒运用的淋漓尽致了，如："家常味的辣、酸辣味的辣、煳辣荔枝味的辣、麻辣味的辣、泡椒味的辣、鲜椒味的辣、红油味的辣"等辣度、辣味、香味，烹出完全不一样的风格，调出差异化的辣度。

恩师讲到川菜是一个庞大的菜系，川菜最具特色而富有代表性的味型"麻辣味"更促使全国川菜大流行，但很多人在做菜时只知道是辣椒就往锅里放，结果成菜要么干辣、要么不辣、要么不香、要么焦了……恩师回顾这一生餐饮事业的付出时总结说，年轻时全球各地走南闯北从事烹调工作与烹饪教学，带出了上百位徒弟从事餐饮业的一线主要骨干，但要改变这一现象还是只能靠出书立著，通过图书的媒体特性，将正确的工艺、逻辑、知识系统化地传播出去。

这一效益已体现在向东老师编著的川菜文化书籍《百年川菜传奇》《麻辣性感，诱惑三百年》《食悟》三部曲等；恩师舒国重编著的烹饪书籍有《四川江湖菜》一、二辑；《佳肴菜根香》《菜点合璧》《四川小吃大全》《经典四川小吃》等。我编著的烹饪工具书籍有《经典川味河鲜料理事典》《经典川菜》《重口味川菜》，成为川菜张氏门派为川菜付出的一股力量。

在积极与本书总统筹并著有《四川花椒》的蔡名雄老师多次沟通如何制作属于川菜的"辣椒"书，以填补川菜烹饪书籍的一个空缺，此书由恩师和我联笔书写。本书主要呈现的内容包含辣椒的品类、香气、滋味特点及辣度、辣感、干、鲜、泡等各种状态辣椒的加工处理及运用、烹调方式，探讨烹饪过程中的火候、油温、时间长短等对辣椒风味的影响，耗时4天进行菜品制作与拍摄。

感谢本书总统筹蔡名雄老师，不辞辛苦地翻山越岭，北上新疆沙湾县安集海、焉耆县，南下贵州绥阳县、大方县等地采风、调研并拍摄照片，充实本书的知识含量与文化底蕴。在菜品拍摄期间，每道菜品几乎都要焓出辣椒的香辣味，最后将蔡老师的鼻炎给呛出来了，持续的辣椒香辣刺激让鼻炎一发不可收拾，只好一边用纸巾堵住鼻孔，一边精益求精地拍摄菜品。再次感谢您的付出。

感谢川菜张氏门派的宗师张中尤先生、恩师舒国重、向东老师，在我烹饪事业上的教导、支持与帮助，才有这本书的顺利出版，在此深表感谢！

此书在编写过程中因个人能力、精力有限，各地对辣椒的称呼、个人的喜好与操作手法不一样，书中介绍或有不详、不周到、不妥之处，望各界人士及同行给予指正。

2020年3月6日

目录

Contents

第四篇 干辣椒·香辣不燥

第五篇 泡辣椒·酸香醇辣

第六篇 酿辣椒·时间酝味

第七篇 鲜辣椒·艳丽鲜爽

附录：复制调料与食材预制

第一篇

吃香喝辣说辣椒

辣椒、西红柿、土豆、玉米有一个多数人忽略的共同点，即都是自中南美洲传入中国，
并在全球传播中对全球的饮食结构、习惯、文化产生了颠覆性的影响。
其中土豆、玉米的易种植、高产特性，
解决全球大部分温饱问题而让社会相对稳定，促使人口的增长及城市化的发展，
今日的繁荣都是基于吃饱这一根本的物质需求。
辣椒，则因奇特的辣味与鲜艳诱人的色彩，
改变了许多国家、地方的饮食习惯、文化，
辣味是一种具刺激性的痛感而非味感，
人们却为之着迷、上瘾，也影响着人们的心理需求。

　　四川接触辣椒的历史只有不到300年，食用历史更短，辣椒却用得好，产生数百道麻辣味、香辣味、酸辣味等带辣菜肴，更成为今日川菜最抢眼的标志型风味。

　　想要了解川菜运用辣椒的诀窍就须先了解其历史，理解那深植于四川人及川菜厨师心中的香辣魂，进而将辣椒使用的精髓植入自己的味觉记忆中，充分运用烹饪技巧并享受那精妙的过瘾、刺激、舒服、爽快的川辣滋味。

一颗辣椒改变全世界

辣椒是一种神奇的香辛料，说起它的历史相信很多人会觉得难以置信！据目前的研究，中美洲的人们早在9000~10000年前就开始栽种辣椒，一开始可能是应用于祭祀，而将辣椒拿来食用的时间大约是8000多年前，成为人类食用香辛料历史中最为悠久的辛香料之一。

到15世纪，欧洲的大航海时代将辣椒带出中南美洲，开始以奇珍观赏植物的身份在全球传播。18世纪时，美洲以外部分地区的人们发现辣椒可以治疗鸟的某些疾病，19世纪因欧洲各国争夺海上霸权，导致胡椒流通受阻，间接促使辣椒被欧洲社会上阶层接受并普遍食用，在此之前辣椒也在部分社会底层中被作为调味料食用。其中多个国家因欧洲殖民加上辣椒十分容易种殖，17世纪后期就开始陆续有食用记录，之后的100多年进入辣椒食用的高速传播阶段。

辣椒传入中国是在明朝后期，大约是16世纪时，之后的文献陆续出现关于辣椒的记载，但直到18世纪前期，清朝康熙年间的《思州府志》（贵州）才出现第一个食用的记录，之后的传播是一个从缓慢到快速的过程，自19世纪开始加速，到20世纪初就遍地开花，已出现明确敢吃、能吃、爱吃辣椒的地区和省份，如贵州、四川、湖南、江西等。整体来说吃辣与不吃辣的分布基本固定

下来了，并形成中国西南地区的重辣饮食地区，今日的吃辣分布是20世纪初的扩张并产生出一个个更加普及的吃辣习惯，甚至是文化，最后形成当代大众所认知的"传统吃辣区域"。

四川接触辣椒较晚，18世纪中期，清朝乾隆年间的《大邑县志》才第一次出现"海椒"一词，19世纪初期，清朝嘉庆年间的四川、重庆地方志开始大量出现番椒、海椒的记载，并有些形态、品种的描述，估计普遍食用辣椒也是这时候开始的。

野生辣椒的传播主要靠鸟类，让多数动物惧怕、并且为强烈辣感来源的辣椒素对鸟类来说是完全没有感觉，或许还是一种美好的滋味，因此家禽中的鸡也是十分爱吃辣椒的。辣椒素对多数动物来说会产生强烈的疼痛感，对辣椒来说也就能避免无法协助辣椒传播的动物吃掉果实。

欧洲人虽不嗜辣，但一般市集、超市还是可见辣椒、甜椒及多种辣椒腌渍、加工的食品。图为德国法兰克福市中心的假日市集。

辣椒入川晚，川人玩得转

虽然四川人辣椒吃得晚，却因 1750 年前后开始的湖广填四川大移民的历史背景，使得南北各菜系的菜品、调料、烹饪工艺、饮食文化囫囵地倒进四川这个"大盆子"中并开始融合，辣椒在这时间点进入四川，自然而然地被家家户户融进各种菜品并端上桌，形成初期移民共同的味道记忆，一代代的传承影响下，从共同的味道记忆变成妈妈的味道记忆、家乡的味道记忆，最后成为当代人们记忆中的川菜味道。

这种融合现象不存在于其他菜系中，因此其他菜系对辣的香气、辣感、辣度的要求相对于川菜而言没那么细腻而深刻，这一历史的巧合也让辣椒成为巴蜀子民的共同基因，让四川厨师对辣椒有着天生的敏锐度。

生于公元 3 世纪末，东晋的常璩在《华阳国志》中对蜀地的饮食偏好是这样描述的"尚滋味，好辛香"，对应到历史上的四川似乎不曾中断这样的特质，才又有"少不入蜀，老不离川"之说，因为尚滋味、好辛香，所以重休闲、好享受，在吃上面就精益求精

并重视变化、创新，加上对辣椒滋味的敏锐，确立了"一菜一格，百菜百味"的川菜优势，这一优势的背后是川菜将辣椒的香玩出了鲜香、浓香、辣香、煳香、干香、醇香、脂香。辣味更分辣感、辣度。辣感喜欢微辣、爽辣、醇辣、香辣、煳辣、麻辣、酸辣；不喜欢燥辣、空辣及尖锐、灼痛、变态的辣。辣度偏好微辣到中大辣；不喜欢大辣、强辣、超辣、酷辣。

取香

辣椒香气的来源首先是辣椒品种，如辣度中等的二荆条辣椒为鲜香爽辣，辣度中大辣的威远七星椒为椒香味浓而醇辣，若只用辣椒本味局限性大，因此烹饪工艺就是拓展辣椒香气的关键。

川菜中多以食用油为介质，加上适当温度来获得辣椒不同状态下的香气，此时辣椒品种是基本要求，应选择椒香味鲜明并带甜香感的辣椒品种，有此特点的品种通常蛋清质、氨基酸、淀粉、糖的含量较高，特别是干辣椒通过热油来激、炒、炸，以产生美拉德反应及焦糖化反应来获取各种香气，又称褐变反应，这种热反应需要有足够的上述成分。

热油激香是最基本的工艺，利用温度将干辣椒的香气物质激出来，油温一般是五成热（150℃），视干辣椒的干燥度上下微调，激香鲜辣椒的油温一般要六成热（180℃），因鲜辣椒含大量水分会使油温明显下降，温度低了香气出不来。炒与炸的油温要求差不多，关键则改为对火力、时间的掌控。

变化辣感

辣感因为与辣度有一定的正相关，要在菜品中变化或是改变辣椒的辣感，最简单的方法就是选对辣椒品种，其次是品种混搭，如香气足但辣感过于柔和的辣椒品种搭配辣度鲜明的品种，让辣感产生预期的效果以营造风格。

此外就是辣椒"形态"混搭，如干辣椒混搭郫县豆瓣、鲜辣椒搭配泡辣椒、泡辣椒搭配干辣椒、泡辣椒搭配郫县豆瓣等多种方式都能变化辣感；另一种是"形态"混搭，也可说是利用刀工的方式改变辣感的表现，最常用于鲜辣椒及辣椒粉，一般来说辣椒形态越细碎，辣感越直接，辣度也明显，辣椒节、段或整颗辣椒的辣感来得慢，辣度感受也放慢，混搭后就能变化辣感；还可将鲜辣椒泡制成泡辣椒，在乳酸风味的影响下，辣感会变得不尖锐，但泡辣椒的独特乳酸味使其有使用的局限，原则上多数具有酸味的味型菜肴不适用。

还有一个方式就是巧用花椒，将在后面详细说明。

调整辣度

辣度的调整主要是指入口的感觉，而非改变某一辣椒品种本身的辣度。改变菜品辣度最简单的就是量的控制，但量与香气有一定的正相关，因此只有选对辣椒品种才能避免空有辣度却香气不足的问题，但香气足的辣椒多半只有中等以下的辣度，这时通过品种混搭就成了川菜调整辣度最常用的手法。这里要掌握一个大原则，就是香气第一，增加辣的层次感第二，增加辣度第三。

以使用最普遍、有川菜之魂美誉的郫县

豆瓣展示如何混搭不同调辅料创造出不同风格的菜品滋味，一窥川菜如何利用上述的手法使用辣椒、创新川辣的精妙之处。

以回锅肉为例，郫县豆瓣与香辣酱搭配使用，炒出香辣酱香味，即成"香辣回锅肉"；郫县豆瓣加泡椒酱烹制回锅肉，纯辣适口，略带乳酸香，即"泡椒回锅肉"；郫县豆瓣加干辣椒一起炒回锅肉，辣香味更浓、辣感温和，即"辣子回锅肉"；郫县豆瓣同新鲜青辣椒混搭炒制出清香突出而鲜辣的"青椒回锅肉"。若是使用其他类型的豆瓣酱如红油豆瓣、家制豆瓣炒制回锅肉也可得到风格、特色有鲜明差异的滋味。

川菜在灵活运用豆瓣辣酱方法上，得益于得天独厚的调味品和深入灵魂的"尚滋味，好辛香"的饮食爱好，促使四川厨师将辣椒用得淋漓尽致，体现巧用辣椒、善用辣椒的天生敏锐度。

简言之，就是四川人对辣味的要求就是"刺激过瘾后要舒服"，要达到这个舒服的要求，还有一个秘诀就是花椒的运用。

花椒产地晒干中的花椒。

花椒，川辣舒爽的秘密

花椒在四川省外几乎成了川菜的代表，随便一道菜里出现了花椒，几乎九成以上的人会说这是川菜，但可惜的是花椒在省外大多真的只是"出现"在菜里，没有起任何调味作用，出现的目的跟在盘上写"我是川菜"是一样的。

这样的结果是来自对花椒的误解，研究花椒十多年、有花椒胖达人之称的蔡名雄，就其研究与感官实验发现，除了普遍熟知的去腥除异、增香添味外，在辣椒进入四川后花椒具有一独特而绝对的关键作用，那就是"和"味！

中菜除各种烹饪工艺外，最核心的烹饪哲学就是"和"，调和万物万味以适口，即适合送入口中并滋养人身，川菜自然也承袭这一烹饪哲学，因此蔡名雄才会提出川菜的辣味菜加入花椒的主要目的是"调和辣感、柔和辣度"的重要观点。这一"和味"的成果就是让川菜的辣感独具特色，我们可称为"川辣"——刺激过瘾而舒服的辣。

多数人对花椒的理解是来自麻辣味型的菜品滋味，想当然地将花椒归为增加刺激感的这个位置去，花椒本身也具有些许的刺激麻感，更让"花椒会强化刺激感"的"想当然"变为成见，犹如撕不去的标签。

花椒让辣更舒服

对于花椒对辣椒的和味作用，依据蔡名雄的研究，还是要从花椒的麻说起，花椒的麻感从感官的角度来说，确实与辣椒的辣感有相似之处，实际上对感觉神经的影响却是不同的，辣椒的辣椒素对感觉神经的刺激会有叠加作用，也就是辣椒素越多，辣感即痛感越强烈，且几乎无上限，这一强烈痛觉会影响我们对滋味的感受能力，同时这辣感对

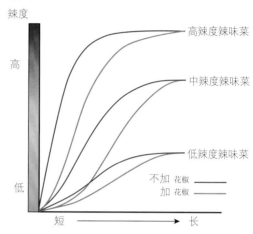

■ 辣味感知变化示意图

辣度

高

低

短 —————————→ 长

高辣度辣味菜
中辣度辣味菜
低辣度辣味菜
不加 花椒
加 花椒

花椒对辣味影响示意图，可以看出花椒都能将辣味感受延迟，也就是辣感变得柔和。红线为不加花椒，绿线为加了花椒。

整个消化系统都有刺激的作用，也是造成肠胃不舒服的主要原因。

花椒的麻味素对感觉神经的刺激是有上限的，其上限约等于微辣感，在唇舌间呈现一种低频的颤动感，据研究，频率是每秒50~60次，这感觉就是所谓的"麻感"，而麻味素的另一个作用也同时发生，即"阻断痛觉"，这阻断效果不是非常大，但足以让我们感受到辣椒素造成的痛感降低，其次是麻味素阻断痛觉之余并不太影响味蕾对各种滋味的感受能力，因此所谓的麻到什么味道都吃不出来的元凶是高辣度的辣椒，并非花椒，花椒实际是"调和"了辣味菜肴的辣度使其更容易入口且不呛，并不是让菜肴更刺激。

中医药理指出花椒具有"温中止痛"的效用，现代病理研究也证明了这一效用，

指出花椒麻味素的主要成分花椒酰胺具有麻醉、兴奋、抑菌和镇痛的效果，多种芳香烯成分具有抗发炎效果，因此花椒在辣味菜中除了上面说的"和味"，更进一步抑制了消化系统因辣椒素强烈刺激可能发生的疼痛或发炎反应，所以说有了花椒的辣味菜肴才具备较不伤身的"适口"性。

花椒与辣椒共舞

花椒如何与辣椒携手共舞，为菜肴增香并展现独特的味感呢？要有增香效果，首先就是要选用优质品种的花椒，越新香气越足，其次是入锅炒香的油温、时间，一般四到五成热（125~145℃），略微出香后即可下辣椒以炒出浓郁的香气，避免时间过长让花椒释出苦味或造成焦黑。

取麻感则要考量品种、颗粒或是粗细粉，品种决定麻感风格，颗粒或粗细粉决定风味释出的速度，颗粒的麻感、苦味释出慢，粉越细，麻感、苦味释出越快。花椒入锅的火候一般只用中小火，以颗粒入菜，爆香烹煮时间较充裕，以粗粒或粉入菜就只能用炒且要精准掌控火力及时间，以避免烧焦。以细粒或粉入菜也可用热油激香或起锅前后再撒入的方式调味。

除了辣味川菜，花椒在川菜中的应用也涵盖到清鲜的菜品、汤品，原因就是花椒去腥除异的效用太强大了，一般来说清鲜的菜品、汤品不需出现花椒的味道，因此煮汤品时只需加入约汤品总重量1/3000的花椒粒即可起去腥除异的效果，也就是说一般4~6人份的汤量放3~5粒花椒即可；若是菜品，量就要多一些，比例为0.5%~1%，因为菜品煮制时间都较短，花椒去腥除异成分无法充分释出，所以要以量来弥补烹煮时间短的问题。因此可以得到一个基本原则，就是烹煮时间长，花椒的量要少，烹煮时间短，花椒的量要适当增加。

上图为晒干、筛净的南路花椒；
下图为典型的南路花椒产地风貌。

第二篇

寻香找辣 话品种

俗话说：四川人不怕辣，贵州人怕不辣，湖南人辣不怕。

但四川人更偏好的是香气突出的辣椒品种，

本篇介绍川菜偏好的品种并对其色香味、常见形态与产地做介绍，

同时介绍部分较具特色的其他辣椒品种。

具统计四川地区辣椒消费量最大，但种植量却非最大，

因此介绍的辣椒品种除四川外，

更涵盖重庆、贵州、河南、新疆、云南、山西等省、自治区及印度等国外的辣椒。

本篇将以辣椒市场惯用的商品名来介绍常用的辣椒，在能力所及的范围内附上能找得到的地方用名，这样更便于各地读者们在生活范围内找到对的辣椒。

此外，同一品种辣椒会因产地、产季不同，而有不同的风味差异，因此辣椒介绍中会有一个品种名冠上不同产地名单独介绍的现象，如二荆条辣椒就有四川二荆条辣椒、贵州二荆条辣椒、湖南二荆条辣椒，通过单独介绍，才能在有细致风味需求时评估该品种某一产地产的辣椒香辣味是否符合需求。

认识辣椒种

植物学上，被人们驯化种植的辣椒种不多，多种资料交叉比对后，可确定应只有五个种，除中南美洲外，全世界被普遍食用并经济种值的辣椒种学名为番椒种（*Capsicum Annuum*）；而浆果种（*Capsicum Baccatum*）、灌木状种（*Capsicum Frutescens*）及中华种（*Capsicum Chinese*，18世纪欧洲人误以为来自中国而命此名，实际还是源自中南美洲）三个种辣度普遍较高，只在原生地中南美洲普遍种植，大陆及多个国家有经济种植但规模相对小而零散，可食用或作为观赏植物；最后的一个种为高山辣椒种，名为茸毛辣椒（*Capsicum Pubescens*），只在南美洲安地斯山脉海拔1000~2000米的平坦处种植。

辣椒种虽然不多，但要与品种对应并分类却有极大困难点，如番椒种的辣椒，在自然状态下其辣度、果形变化就已经极大，从完全不辣到极度酷辣，果长0.5~20厘米，果重从1~300克都有，加上人为的选育、改良，品种间的特征差异不是固定的，全世界常用于烹调的食用辣椒多达1000多个品种，若加上种植量少的或观赏用的，目前可查到的已超过2000个辣椒品种。

总体而言，除了原生地南美洲，目前日常能接触到的各种颜色、形状、辣或不辣的辣椒，从植物学的角度米说八成以上都属于番椒种，相当于都是同一民族，因此《辣椒的世界史》一书作者，研究辣椒超过40年的农业学教授山本纪夫也感慨地说："现在还很难断言学者已对辣椒的分类做了充分的研究。"我想困难的分类工作还是交给植物学家吧！

关于"种"和"品种"的定义
种（Species）：是植物学分类的基本单位。种是具有一定的自然分布区和一定的形态特征及生理特性的生物类群，同一种中的不同个体间具有相同的遗传基因，彼此交配可以产生能育的后代。"种"名是生物自然进化和选择的物种名。
品种（Commercialvariety）：只用于经济种植的物种命名上，可理解为"物种的商品化名称"，例如某种辣椒的色、香、味，形状、大小、植株高矮或产量产生较大的经济效益改变时，人们就会取一个便于"市场推广、销售"的新品种名。

四川常用辣椒的形态

鲜辣椒

即从辣椒树上摘下来未经任何处理的辣椒，常见颜色有红、黄、橙、绿等，这些颜色的辣椒在不完全熟成时多为青绿色，通常称之为"青辣椒"，极少数是黑紫色之类特殊颜色。鲜辣椒品种繁多，川菜使用较多的有二荆条辣椒、七星椒、小米辣等。

鲜辣椒除品种外，以色泽鲜艳、油亮，饱满紧实、大小均匀、完整带蒂，辣味纯正为佳。另外可从蒂把颜色大致判断干制工艺，一般来说日晒干辣椒的蒂把呈黄褐色，机器烘干的呈干绿色或绿褐色，干制工艺与干辣椒品质没有绝对的关联，但能辅助判断。

干辣椒

干辣椒是鲜红辣椒经晾、晒，脱去水分后的干制品，是最原始的保存方式，更多地保存了辣椒中的风味成分。川菜使用较多的品种有线椒类的二荆条辣椒、皱椒，朝天椒类的七星椒、子弹头辣椒等。

晒干的辣椒因水分少，所含的糖及蛋清质等经加热烹饪后更容易发生美拉德反应和焦糖化反应，生出各种香味物质，这也是川菜更偏好使用干辣椒的原因。

干辣椒的选择除认准品种外，其品相以色泽红艳、油润、质干肉厚、大小均匀、完整带蒂，辣味纯正为佳。

泡辣椒

泡辣椒是使用新鲜辣椒，以四川泡菜工艺——无氧发酵的方式，经数个月到泡制

6~8个月而成。泡辣椒颜色鲜艳、乳酸香浓郁，其中乳酸香来自高浓度的乳酸菌，具有开胃、解腻、清口、助消化的效果，四川人喜爱在饭后吃一点洗澡泡菜，就是以相同工艺短时间泡制的根茎类时蔬泡菜。川菜常用品种有泡二荆条辣椒、泡子弹头辣椒、泡小米辣椒、泡野山椒等。

泡辣椒要选择色泽鲜艳、滋润扎实、鲜辣脆口、外形完整，酸香味纯正为佳，通常酸味刺鼻或冲鼻的品质较差。

酿辣椒

酿辣椒的酿制方式多元，酿制时间从数十天到两三年都有，多使用鲜辣椒酿制，少数可用干辣椒，最具代表性的就是郫县豆瓣。依照酿制方式的差异及时间由短到长，颜色从鲜亮到酱红，酱香味从清新到浓厚，水分含量则是多到少，形态则是稀到稠。

酿辣椒的购买多只能选择市场上的品牌厂家，但还是可以通过开封后的状态评断优劣，一般来说不同酿制时间其色泽浓淡不同，但都要有亮的感觉，不能暗沉无光，质感应是滋润的，酱香味纯正为佳，发干或有腐败气味的品质都有问题。

> **"美拉德反应"和"焦糖化"**
> 此为食物的两种热变化，因常相伴发生又统称为"褐变反应"，两者差别在焦糖化是只有"糖"受热后分子瓦解的过程；而美拉德反应是食材中的"糖"或"淀粉"及所含的"蛋清质"或"氨基酸"等经加热烹饪产生的综合性反应，例如爆香辣椒、大蒜或煎鱼、肉等，这些烹饪工艺就会产生美拉德反应，以感官来说就是食物被炒香、上色。

以二荆条辣椒为例，从左至右分别为干辣椒、鲜辣椒、泡辣椒、酿辣椒（豆瓣酱）。

常见辣椒的分类法

目前辣椒的分类法主要有几种方式：依据辣椒的果形、挂果方式或有无辣度划分，加上每个地区或产地都会按当地习惯或所种植的品种设定分类法，因此会有一个品种辣椒却同时归属两三种类别的现象，原因就是一开始提到的，辣椒本身的变异性极大，明确划分难度极高。

樱桃椒类

果实多朝上生长，果形小如樱桃，圆形或扁圆形，常见颜色有红、黄或微紫色，辣味中强到强，可鲜用也可制成干辣椒，如五彩椒、圆椒、樱桃椒等。也可归类为朝天椒类，部分会归为灯笼椒类。

圆锥椒类

果实多朝上生长，果形为圆锥形或圆筒形，味辣，如子弹头辣椒等。也可归类为朝天椒类，部分会归为指形椒类、牛角椒类、灯笼椒类。

簇生椒类

果实朝上生长并簇生（聚集成堆地挂果），果色深红，果肉薄，辣味甚强，油分高，多作干辣椒栽培，如威远七星椒、河南新一代辣椒等。这类也可归类为朝天椒类、指形椒类。

长椒类

果实朝下垂挂生长，果形为宽长形或线形，前端尖，微弯曲，宽长形的似牛角、羊角，果肉有薄有厚，肉薄的其辛辣味清到重

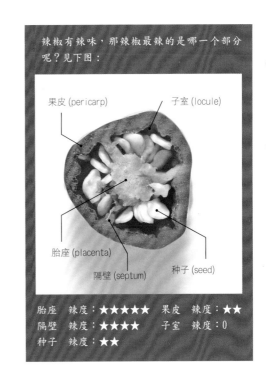

辣椒有辣味，那辣椒最辣的是哪一个部分呢？见下图：

果皮 (pericarp)　　　　子室 (locule)

胎座 (placenta)

隔壁 (septum)　　种子 (seed)

胎座	辣度：★★★★★	果皮	辣度：★★
隔壁	辣度：★★★★	子室	辣度：0
种子	辣度：★★		

都有，可鲜用也可干制。这类辣椒中细长的又被划为线椒类，宽长的则被划分为牛角椒类，也有因颜色划分为黄辣椒类。

甜椒类

又名甜柿椒类，果实多朝下生长，果形有大如灯笼的，也有皱长形或圆锥形的，没有辣度，还带有蔬菜般清甜，主要当蔬菜食用，颜色有鲜艳的白、黄、橙、红、绿、紫等多种颜色，如大甜椒、糯米椒、匈牙利红甜椒。也可归类为灯笼椒类。

从左至右分别为樱桃椒类、圆锥椒类、簇生椒类、长椒类、甜椒类。

常用辣椒的品种与特点

川菜在辣椒的使用上，川西成都地区大多喜用二荆条辣椒，川东、川南喜爱使用七星椒、朝天椒做菜，其辣味更烈，但都习惯利用辣椒的不同特性，以获取最佳的香气、辣度、辣感组合，来体现特定菜肴风格，最常用的二荆条辣椒主要是取香及爽口辣感，若需要增加辣度、辣感层次，则会使用贵州七星椒、贵州朝天椒、河南新一代辣椒等品种辣椒，又如极辣的云南小米椒则主要使用泡制的成品，取其酸香与刺激的辣感。

辣椒使用的多样性也是川辣让人上瘾的江湖秘诀，却也最容易被忽略，多数人都会觉得辣椒不都是一样，就是辣而已，而轻忽其重要性。通过数十个辣椒品种的香气、辣感、辣度的标示及应用介绍，相信能让川菜爱好者对川辣风格产生全新的认识。

序号	品种	形态	色泽	香气	辣感	辣度	主产区
		简介					别名
01	四川二荆条辣椒	鲜	红	2 清新	3 爽口	3 轻中辣	四川的资阳、简阳、南充
		主要用于菜品增香、岔色，增加口感，制作泡辣椒、豆瓣酱					二荆条、二金条、泡椒
02	四川二荆条辣椒	鲜	绿	3 鲜明	4 舒服	2 轻辣	西昌、昆明产量较多
		用于菜肴中辅料较多以增色、提鲜，也可制作烧椒或单独成菜，如虎皮小尖椒					青二荆条、青二金条、青泡椒
03	牧马山二荆条辣椒	鲜	红	4 丰富	3 爽口	3 轻中辣	成都
		长度20~25厘米左右，中粗细条、辣椒顶部带"J"形的勾，这是牧马山二荆条的特点。多用于制作泡辣椒、郫县豆瓣					成都二金条、二荆条
04	牧马山二荆条辣椒	鲜	绿	3 鲜明	4 舒服	2 轻辣	成都
		作为菜肴中的辅料，如增色、提鲜，也可制作烧椒或单独成菜，如虎皮小尖椒					成都二金条、二荆条
05	牧马山二荆条辣椒	干	红	5 浓郁	4 舒服	4 中辣	成都
		作为菜肴中的辅料，如增色、提鲜，也可制作烧椒或单独成菜，如虎皮小尖椒					成都二金条、二荆条
06	牧马山二荆条辣椒	泡	红	2 清新	3 爽口	1 微辣	成都
		色泽红亮、乳酸香味浓厚。泡椒末主要用于泡椒油提色、鱼香味提色增香；泡椒节可给家常风味菜增香提色。泡椒段在菜肴中岔色点缀、提味					泡辣椒、泡鱼辣椒、泡鱼辣子
07	牧马山二荆条辣椒	泡	绿	4 丰富	3 爽口	1 微辣	成都
		乳酸味厚重，酸香突出，主要用于泡椒味、家常风味的运用中提乳酸香味增香					泡辣椒、泡青椒
08	湖南二荆条辣椒	干	红	2 清新	2 温和	3 轻中辣	湖南
		大多用于制成辣椒粉，再炼制成辣椒油、红油。在菜肴里面主要是增香、增色、调味					二荆条

香气、辣感、辣度指数的定义：
香气：1 轻淡 2 清新 3 鲜明 4 丰富 5 浓郁
辣感：0 无感 1 轻柔 2 温和 3 爽口 4 过瘾 5 过瘾 6 刺激 7 尖锐 8 灼痛 9 变态
辣度：0 无感 1 微辣 2 轻辣 3 轻中辣 4 中辣 5 中大辣 6 大辣 7 强辣 8 超辣 9 酷辣

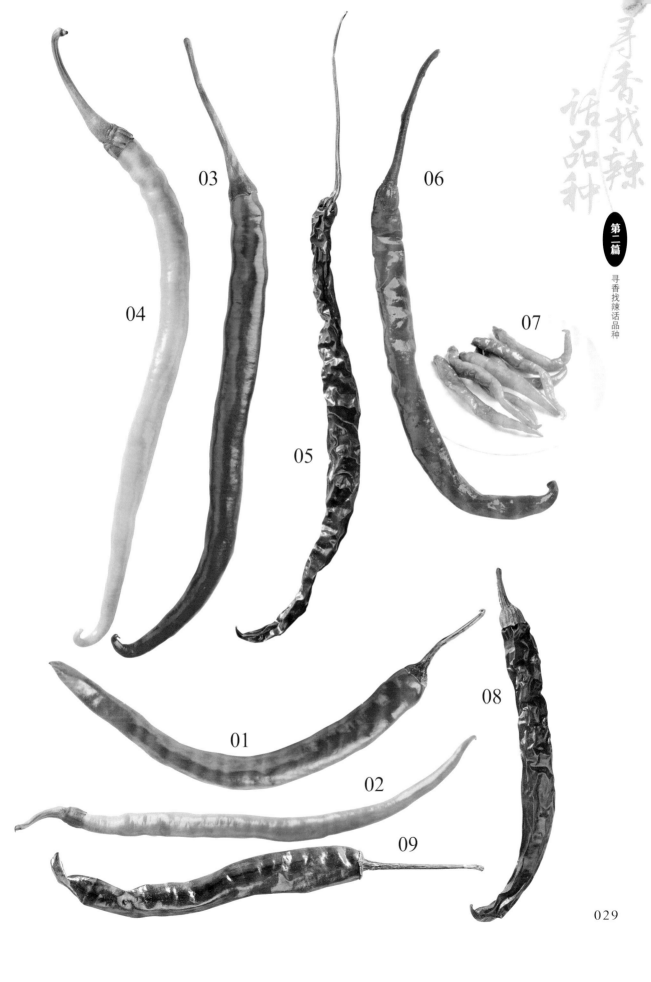

03

04

06

05

07

01

08

02

09

序号	品种	形态	色泽	香气	辣感	辣度	主产区
09	贵州二荆条辣椒	干	红	2清新	2温和	3轻中辣	贵州
		个头粗壮、皮薄肉厚实，多以干辣椒、辣椒粉的形式呈现，部分新鲜的会做成泡椒或豆瓣					二荆条
序号	品种	形态	色泽	香气	辣感	辣度	主产区
		简介					别名
10	美人椒	鲜	红	1清淡	2温和	1微辣	四川、贵州、云南
		主要起增色效果，或制作成可直接食用的开胃泡辣椒					小红椒
11	美人椒	鲜	绿	1清淡	2温和	1微辣	四川、贵州、云南
		在川菜中大部分用于菜肴的增色、美化菜肴					小青椒
12	小米辣	鲜	红	5浓郁	6刺激	8超辣	四川、贵州、云南
		辣味强而过瘾，主要用于调味、增香，常用于鲜椒味型、仔姜味型、干拌味型等					小米椒、朝天椒、指天椒、七星椒、小尖椒
13	小米辣	鲜	绿	5浓郁	6刺激	8超辣	四川、贵州、云南
		在菜肴当中主要起到提味、增加刺激感的效果，多用于鲜辣味型，更是青一色火锅的主要调味辣椒					小米椒、朝天椒、指天椒、七星椒、小尖椒
14	威远七星椒	鲜	红	4丰富	5过瘾	6大辣	四川
		辣度强而香，主要用于调味、增香、增色，常用于鲜椒味型、仔姜味型、干拌味型等					七星椒、小米椒、朝天椒、小尖椒
15	威远七星椒	鲜	绿	4丰富	5过瘾	5中大辣	四川
		辣度强而清香，主要用于调味、增香，常用于鲜椒味型、仔姜味型、干拌味型等					七星椒、小米椒、朝天椒、小尖椒
16	威远七星椒	干	红	5浓郁	5过瘾	6大辣	四川
		增加辣度及红亮度，多用于菜肴出品时炝锅或浇油激香，以增加香辣感					七星椒、小米椒、朝天椒
17	牛角椒	鲜	红	3鲜明	4舒服	3轻中辣	重庆、山东、山西、内蒙古、吉林等地均产
		鲜红牛角椒用于岔色的较多，秋季的牛角椒则多用于制作鲊海椒和秋泡椒，后期大部分作调味料食用					尖椒
18	牛角椒	鲜	绿	3鲜明	4舒服	3轻中辣	重庆、山东、山西、内蒙古、吉林等地均产
		青牛角椒产量高、皮薄肉厚，主要作为炒、烧类菜肴的辅料及陪衬颜色					尖椒

▎其他特色辣椒

海南黄灯笼辣椒

又名黄帝椒、黄辣椒，主产于海南省的黄灯笼辣椒色泽黄亮，香味清新而浓，辣度极高，一般不作为鲜食，主要做成黄灯笼辣椒酱，黄灯笼辣椒酱成品黄亮鲜艳，在椒香、大辣中多了浓郁酸香，川菜多用于酸汤、金汤系列的酸辣味菜肴。

风味： 香气 **4** 丰富 ▎ 辣感 **6** 刺激 ▎ 辣度 **9** 酷辣

永安黄椒

福建永安市的特产永安黄椒又名小黄椒，其色泽橘黄，果皮鲜亮，辣味爽口刺激，清香浓郁，风味独特，具有香、辣、脆、润四大特点，在烹饪中，不仅可以提味，它特有的色彩，也提升着整个菜品的诱人程度，当地常做成黄椒水当蘸酱。

风味： 香气 **4** 丰富 ▎ 辣感 **6** 刺激 ▎ 辣度 **6** 大辣

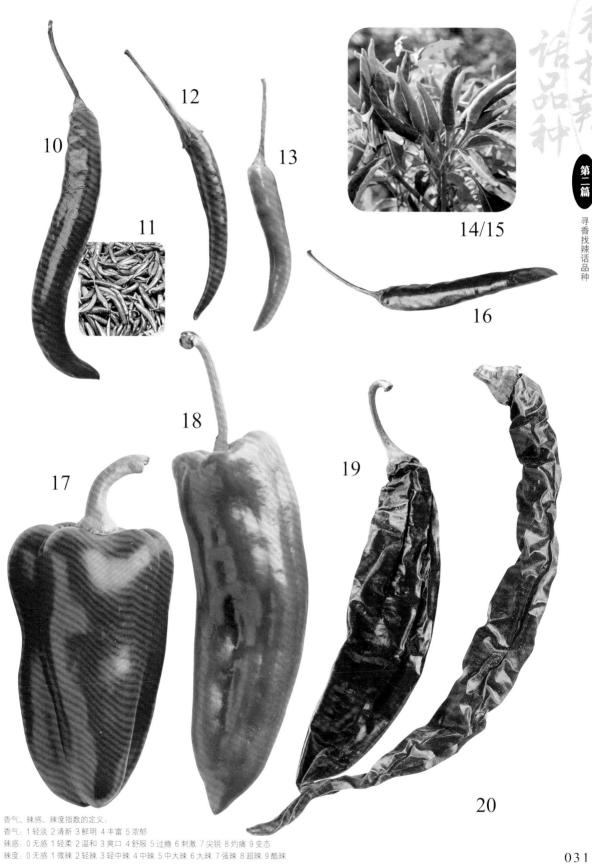

10

11

12

13

14/15

16

17

18

19

20

香气、辣感、辣度指数的定义：
香气：1 轻淡 2 清新 3 鲜明 4 丰富 5 浓郁
辣感：0 无感 1 轻柔 2 温和 3 爽口 4 舒服 5 过瘾 6 刺激 7 尖锐 8 灼痛 9 变态
辣度：0 无感 1 微辣 2 轻辣 3 轻中辣 4 中辣 5 中大辣 6 大辣 7 强辣 8 超辣 9 酷辣

19	牛角椒	干	红	3 鲜明	4 舒服	3 轻中辣	重庆、山东、山西、内蒙古、吉林等地均产
		牛角干辣椒颜色浓郁，辣度适中，主要用于制作辣椒粉					尖椒
20	大方皱椒	干	红	5 浓郁	1 轻柔	2 轻辣	贵州大方县
		皮薄肉厚、晒干后表面皱褶细密，捆成把时有如鸡爪，又称鸡爪椒。因为皱椒香度大于辣度，故大多以辣椒粉的形式呈现，主要用于炼制辣椒油					鸡爪椒

序号	品种	形态	色泽	香气	辣感	辣度	主产区
		简介					别名
21	贵州条子椒	干	红	4 丰富	5 过瘾	6 大辣	贵州
		大多用于火锅底料或火锅底油熬制时，制成糍粑辣椒来使用，主要有增红、增辣、提香的效果					条子椒、小米辣、朝天椒
22	贵州七星椒	干	红	4 丰富	6 刺激	7 强辣	贵州
		增加辣度及红亮度，多以糍粑辣椒的形态呈现；也可用于菜肴出品时炝锅或浇油增加菜肴的香辣感					满天星、小米辣、朝天椒
23	贵州子弹头辣椒	干	红	5 浓郁	5 过瘾	6 大辣	贵州
		鸡心大小、外形长相似子弹而得名。干辣椒当中香辣型较好，以辣椒粉、辣椒段呈现较多。大多用于煳辣、香辣、麻辣之中调味					朝天椒、鸡心椒
24	茅坡韩条椒	干	红	4 丰富	4 舒服	5 中大辣	贵州遵义茅坡
		茅坡是贵州遵义的一个地名，这个地方出产的辣椒个头不大、但较为均匀、辣度适中、香气较一般的辣椒浓厚，多制成糍粑辣椒、辣椒粉使用					小米辣、朝天椒
25	茅坡天岗星辣椒	干	红	5 浓郁	5 过瘾	6 大辣	贵州遵义茅坡
		个头较小，与七星椒相当。辣味较浓厚，多用于火锅底料熬制的糍粑辣椒制作，或者火锅上桌时漂面使用，因为其大小均匀、辣味足、颜色红亮					小米辣、朝天椒
26	满天星辣椒	干	红	5 浓郁	8 灼痛	8 超辣	贵州
		个小、色泽鲜红、辣度高，多用于特辣、猛辣味型中增加辣度。一般以糍粑辣椒制成老油和辣椒粉形式较多					七星椒、小米辣、朝天椒
27	大子弹头辣椒	干	红	5 浓郁	5 过瘾	6 大辣	贵州遵义市
		外形明显大于小子弹头，是一种香辣型的辣椒。色泽鲜红、籽多、辣度够味，常用于干锅、麻辣、香辣、煳辣型的菜肴之中					灯笼海椒

黄线椒

黄线椒在华中多地都有种植，较出名的产地为湖南衡东县，据传嘉庆年间衡东县籍状元彭浚曾进献给皇帝，加上主产于该县三樟镇，又被称为三樟黄贡椒，呈细长形，成熟后为鲜亮的黄橘色，皮薄肉厚，口感爽脆回甜。在湖南多直接入菜或做成剁椒，如黄贡椒炒肉、黄贡椒剁椒鱼。干制后的黄线椒呈黄亮的褐色，香辣味突出，当地名菜有石湾脆肚、黄贡椒鸡米等。

风味： 香气 **4** 丰富 | 辣感 **5** 过瘾 | 辣度 **5** 中大辣

湖南白辣椒

又称白椒、盐辣椒、匍辣椒、扑辣椒，咸香爽口而微辣，具有独特的腌制加轻发酵的香气。这并非辣椒品种，而是将青辣椒氽烫后放到太阳下晒至七成干，此阶段辣椒的颜色会褪成黄白色，接着将七成干的辣椒剪开加盐拌匀后放入坛子里腌几天，然后取出继续暴晒到完全干，也有不加盐直接晒干的。

使用方式为用水泡发约15分钟后，即可切断或切碎入菜烹饪。常见菜肴有盐辣子炒牛肉、白椒腊肉等。

风味： 香气 **5** 浓郁 | 辣感 **4** 舒服 | 辣度 **3** 轻中辣

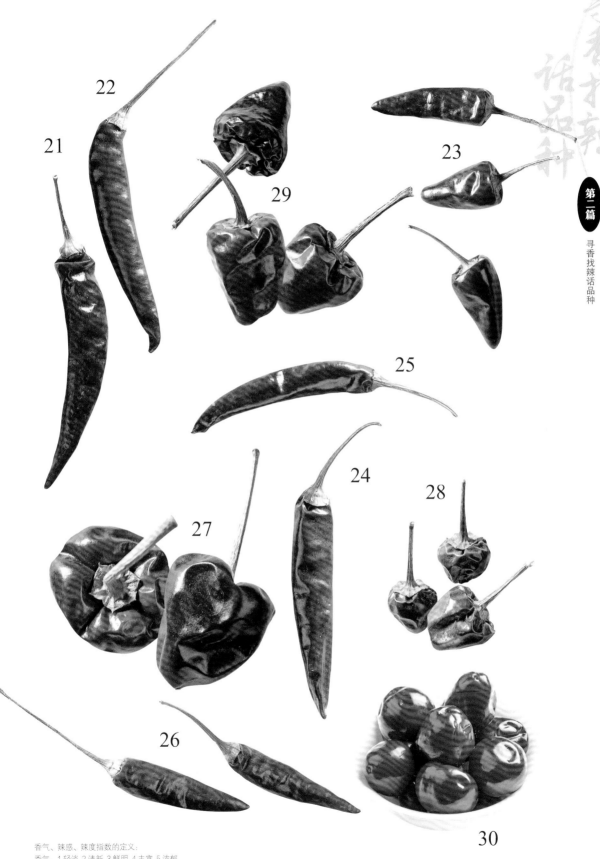

21

22

29

23

25

27

24

28

26

30

香气、辣感、辣度指数的定义：
香气：1 轻淡 2 清新 3 鲜明 4 丰富 5 浓郁
辣感：0 无感 1 轻柔 2 温和 3 爽口 4 舒服 5 过瘾 6 刺激 7 尖锐 8 灼痛 9 变态
辣度：0 无感 1 微辣 2 轻辣 3 轻中辣 4 中辣 5 中大辣 6 大辣 7 强辣 8 超辣 9 酷辣

序号	品种	形态	色泽	香气	辣感	辣度	主产区
28	小灯笼椒	干	红	3鲜明	4舒服	4中辣	贵州遵义市
		皮薄肉厚、辣椒籽多、色泽鲜红，因为个头大小均匀美观，在菜肴中多用于点缀美化菜品					灯笼海椒
29	大灯笼椒	干	红	3鲜明	4舒服	4中辣	贵州遵义市
		皮薄肉厚、辣椒籽多、色泽枣红、个头大小均匀美观，在菜肴中多用于点缀美化菜品，香辣适度，也常用于制作辣椒粉					灯笼海椒
30	泡灯笼椒	泡	红	2清新	3爽口	2轻辣	四川
		外形美观漂亮，常用于泡椒系列及家常味菜肴的点缀、围边					红子弹头泡椒
序号	品种	形态	色泽	香气	辣感	辣度	主产区
		简介					别名
31	泡灯笼椒	泡	暗绿	2清新	3爽口	2轻辣	四川
		外形美观漂亮，常用于青椒系列及家常味菜肴的点缀、围边、提味					青子弹头泡椒
32	河南子弹头辣椒	干	红	3鲜明	4舒服	4中辣	河南
		色泽红亮、辣椒籽少、辣度适中、皮薄肉质厚实，外形像与子弹相似而得名。干辣椒用于制作辣椒粉和火锅漂锅面较多					朝天椒、辣子
33	河南新一代辣椒	干	红	2清新	2温和	3轻中辣	河南
		色泽红亮、辣椒籽较少、辣度低。大多用于中餐热菜中的炝炒类，或在火锅中制作糍粑辣椒、辣椒粉、锅底漂面等					朝天椒
34	河南小鹰椒	干	红	3鲜明	2温和	3轻中辣	河南
		辣椒籽较少、辣度低、色泽红亮，一般用于热菜中的麻辣味、炝炒类，或制作糍粑辣椒以炒制火锅底料，也可用于辣椒粉、辣椒油、锅底漂面等					小椒
35	重庆石柱红辣椒	干	红	5浓郁	6刺激	5中大辣	重庆石柱县
		颜色鲜红、籽少皮薄、肉质厚实、光泽度好、辣味重、油气足，常用于制作辣椒粉、麻辣干碟					朝天椒
36	福建辣椒王辣椒	干	红	5浓郁	7尖锐	9酷辣	福建
		色泽鲜艳，果实为短牛角尖型，果皮肉厚籽粒饱满，辣味浓厚，主要用于增辣，特别是喜辣人群，武汉周黑鸭是使用的典范					辣椒王中王
37	新疆纵椒	干	红	5浓郁	2温和	1微辣	新疆沙湾
		皮薄肉厚、晒干后表面凹凸皱褶细密，又被称为皱椒。因为纵椒香度大于辣度，故大多以辣椒粉的形式呈现较多及炼制辣椒油					辣皮子、线辣子，皱椒

江西白辣椒

江西白辣椒呈米白到米黄色，风味鲜明，微辣爽口。做法是将青辣椒或红辣椒余烫一下就放到太阳下晒至完全干即成，此阶段辣椒的青、红颜色褪成黄白色，常见菜品有白辣椒炒肥肠、白辣椒炒鸡杂等。当地也有人将其晒至半干就拿来入菜，色泽净白，微辣脆口。

风味：香气 3 鲜明 ｜ 辣感 4 舒服 ｜ 辣度 3 轻中辣

江西青辣椒壳

江西青辣椒壳为干辣椒的一种，又名青辣椒干、绿辣椒皮，其椒香味浓而清爽，爽口微辣。做法是将青辣椒切片后放到太阳下晒至完全干即成。使用方法与江西白辣椒相通，取其更清爽的香辣感。

风味：香气 3 鲜明 ｜ 辣感 4 舒服 ｜ 辣度 4 中辣

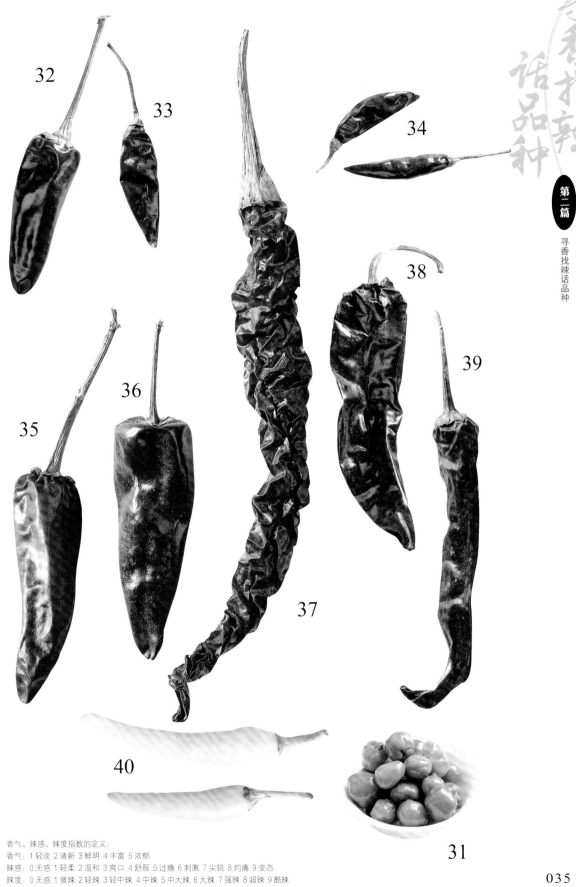

32

33

34

38

39

35

36

37

40

31

香气、辣感、辣度指数的定义：
香气：1 轻淡 2 清新 3 鲜明 4 丰富 5 浓郁
辣感：0 无感 1 轻柔 2 温和 3 爽口 4 舒服 5 过瘾 6 刺激 7 尖锐 8 灼痛 9 变态
辣度：0 无感 1 微辣 2 轻辣 3 轻中辣 4 中辣 5 中大辣 6 大辣 7 强辣 8 超辣 9 酷辣

38	红龙 13 号辣椒	干	红	3 鲜明	3 爽口	3 轻中辣	新疆和静县
		个大皮薄肉厚实、辣度小、产量高，可以单独煎、煸成菜、大多与荤料搭配成菜、或以在菜肴当中起点缀颜色的作用					辣子、辣皮子
39	红龙 15 号辣椒	干	红	3 鲜明	3 爽口	3 轻中辣	新疆和静县
		个大皮薄肉厚实、辣度小、产量高，可以单独煎、煸成菜、大多与荤料搭配成菜、或以在菜肴当中起点缀颜色的作用					辣子、辣皮子
40	小米椒	鲜	浅粉绿	4 丰富	7 尖锐	7 强辣	云南
		浅粉绿为果实未成熟的颜色，具有明显的清香味，味极辛辣。川菜多先制成泡小米辣后再入菜调味					小米辣

序号	品种	形态	色泽	香气	辣感	辣度	主产区
		简介					别名
41	小米椒	鲜	橘红到鲜红	4 丰富	8 灼痛	8 超辣	云南
		成熟的为橘红到鲜红色，辣度比未变红的高，清香味稍微减弱，多了一丝熟香味					小米辣
42	小米椒	泡	黄	4 丰富	4 舒服	6 大辣	云南
		乳酸香味厚重，主要用于仔姜系列、鲜辣味、酸辣味等系列菜。提鲜效果非常明显，呈现的风味绝佳					泡小米辣、泡小米椒
43	野山椒	鲜	红	3 鲜明	7 尖锐	8 超辣	广西、四川、贵州、云南
		椒果小、辣度极高，可鲜食也可干制使用，多用于增加辣度					指天椒、朝天椒
44	野山椒	鲜	绿	2 清新	6 刺激	7 强辣	广西、四川、贵州、云南
		椒果小、辣度极高是其特点，四川地区多泡制成泡野山椒					指天椒、朝天椒
45	野山椒	泡	暗绿	4 丰富	4 舒服	6 大辣	广西、四川、贵州、云南
		乳酸味浓郁，主要用于泡椒菜、酸菜鱼、酸汤菜等酸辣味较浓郁的菜肴，如野山椒炒牛肉、野山椒牛肉、野山椒鱼头、泡椒凤爪等					泡野山椒、泡山椒
46	美国红辣椒	干	红	4 丰富	4 舒服	5 中大辣	甘肃酒泉、张掖
		果实深红色，辣味较强，多以辣椒粉的形式呈现					红辣椒、辣子
47	印度魔鬼辣椒	干	红	5 浓郁	7 尖锐	9 酷辣	印度
		个小而扁平，色泽鲜红，辣味猛烈。在菜肴中的提辣效果强，深受特能吃辣的群体所喜爱，一般用于火锅、干锅、辣卤中增加辣的刺激感					断魂椒、变态辣

朝鲜青辣椒干

此为东北吉林朝鲜族的特色干辣椒，主要食用方式是入油锅炸酥香后撒些盐当小菜或下酒菜，香脆可口而微辣，或是温水泡发后作为菜肴辅料。做法是将新鲜青辣椒竖切成 2~3 片后铺开晾晒即成。

风味：香气 2 清新 ｜ 辣感 3 爽口 ｜ 辣度 3 轻中辣

朝鲜江米辣椒瓢

此为东北吉林省延边朝鲜族的特色干辣椒，主要食用方式是入油锅炸酥香后撒些盐当小菜或下酒菜，香脆可口而微辣。做法是将新鲜辣椒洗干净晾干再竖切成两半，去净辣椒籽，放入盆中，加入适量干糯米粉及盐，搅拌至辣椒完全被糯米粉包裹，上笼蒸至七分熟后铺开晾晒干，不可互相粘连，最好是在温度较低且干燥的季节制作，可避免晾晒过程中腐败。

风味：香气 2 清新 ｜ 辣感 3 爽口 ｜ 辣度 3 轻中辣

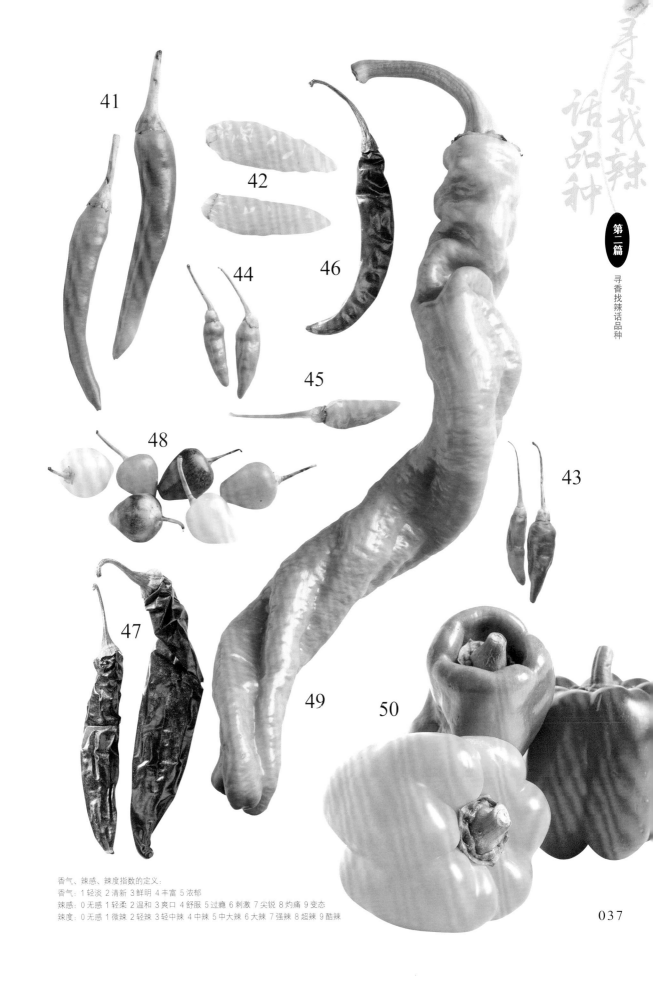

41

42

44

46

45

48

43

47

49

50

香气、辣感、辣度指数的定义：
香气：1轻淡 2清新 3鲜明 4丰富 5浓郁
辣感：0无感 1轻柔 2温和 3爽口 4舒服 5过瘾 6刺激 7尖锐 8灼痛 9变态
辣度：0无感 1微辣 2轻辣 3轻中辣 4中辣 5中大辣 6大辣 7强辣 8超辣 9酷辣

第三篇

蘸碟

轻松玩转川辣滋味

蘸碟又叫"蘸水"，此说法也通行于我国西南地区。蘸碟的调制十分简单，

只需将调料、辅料按一定比例放入碟中混匀即可，

也可根据个人的口味喜好及菜肴本身滋味特点来调和制作，

十分适合川辣入门者，可通过调和与蘸食自由体验川辣魅力。

川菜中搭配蘸水的菜品大部分是本味或咸鲜味的，

因此蘸水多离不开各种辣椒的使用，

常见的有麻辣味、鲜辣味、酸辣味、家常味、鱼香味、

香辣味等不同程度辣味和滋味组合的蘸水。

另有少数不辣，以鲜香、酱香或酸香为主的蘸水，主要用于麻辣火锅、串串等。

成都人喜欢泡在茶馆中，一杯茶坐一天。图为成都大慈寺茶馆。

蘸碟的应用在川菜中相当广泛，又叫"蘸水"，此说法也普遍存在于贵州、云南等西南地区。各式各味的蘸碟应用，充分体现了川菜厨师在灵活使用、巧用、妙用辣椒的高超手法以及运用辣椒的智慧，体现"味在川菜、味在四川"的称号。

蘸碟的种类较多，几乎所有干辣椒、鲜辣椒、辣椒酱类、泡辣椒类都可制作成各式川辣特色蘸碟，常可从蘸碟看出一个地方的饮食特色与偏好。对于有些菜品而言，蘸水调制的好坏直接影响这道菜肴的品质与口味。如只有本味的四川传统"豆花"，成"名"完全是靠蘸碟的口味，四川有句老话这样说："吃豆花就是吃蘸碟"。

又如以清鲜为特点的传统川菜萝卜连锅汤、清炖牛尾汤、清蒸雅鱼等，都会随菜肴的鲜香味和本味差异搭配不同味型的蘸碟，让人品尝鲜甜本味之余增加滋味变化，有助于风格的建立。

玩转川辣蘸碟

蘸碟的调制十分简单，只要将调辅料按基础经典配方的分量调入碗碟中搅匀即成，更可根据个人的口味喜好及菜肴本身的滋味特点，来增减配方的分量，做个性化调制。

蘸碟调制简单也使得菜肴配蘸碟的形式成为四川家庭烹调中最普遍的形式，可适度简化烹调过程及调味，又能确保滋味的丰富。辣椒的使用能让味感有较大的起伏变化，而使得各式辣味蘸水在川菜的运用中占据了主要位置。常见蘸碟味型有麻辣味、鲜辣味、酸辣味、家常味、鱼香味、香辣味等，通过不同组合就能调制出多种辣香、辣度和滋味风格的蘸水。

▌川辣多变的源头

川辣变化万千，主要运用的辣有香辣、鲜辣、醇辣、辣、煳辣、酸辣、辛辣、刚辣等多种，其中辛辣、刚辣不属于辣椒的刺激感，而是来自新鲜的大蒜与姜，适量的加入

可以营造出丰富的刺激层次，加上酱油、糖、醋、花椒油、香油、葱等蘸水调辅料，就能调制出千滋百味的四川特色蘸水。

香辣

香辣分两种，一种为干香辣，主要来自辣椒粉（见 P057），多用于调制干蘸碟，辣度因制作的干辣椒品种而异，川人多偏好微辣而香的品种，能获得过瘾又舒爽的食感。

另一种为脂香辣，风味主要来自红油辣椒（见 P061），辣椒粉经热油冲泡后，释出大量辣椒素和脂溶性风味物质及亮丽的红色，辣椒的香、辣、色融入滋润而香的油脂中，可用于各种辣味蘸碟以增香添辣。

红油辣椒的使用可分为三种：一种是只用红油辣椒的红油，微辣而香，口感较精致，但辣感变化少；第二种是只用红油辣椒的辣椒渣，辣味厚、香气轻、口感粗糙；第三种是红油辣椒的油、渣一起用，可按菜品风格调整油、渣比例，成菜香气足、辣感丰富，口感介于上述两者之间，这是川人用红油辣椒最普遍的方式。

鲜辣

鲜辣属于直接的辣感，除了带来刺激外，还能产生一种清新鲜香的感受，十分适合搭配想要突出清新鲜香味的菜品。鲜辣感可以用新鲜青、红辣椒来调制，通常青辣椒的清新感较突出，红辣椒则是清新带熟成感。常用品种有青、红二荆条，青、红美人椒，青、红小米辣，青、红七星椒等。

醇辣

豆瓣酱是醇辣感的主要来源，附带浓郁的酱香，也是香辣味常用的调料，可让滋味变得厚实。陈豆瓣酱须入锅炒香后使用，也可制成豆瓣红油或复合味辣酱再用；酿制时间短的鲜豆瓣则不用。豆瓣酱的酿制时间越

成都双流永安镇的农贸市场是牧马山一带二荆条辣椒产季时的主要交易市场。

长其辣感越醇而柔和且酱香味越浓，颜色也越深，可按喜好选择。

厚辣

厚辣即厚实的辣感，这种辣感主要来自用水煮过的干辣椒舂成糍粑状的糍粑辣椒后，再将糍粑辣椒炒香即可用于调制蘸碟。糍粑辣椒经过水煮、舂蓉与油炒的程序后，将水溶性、脂溶性的辣椒素、风味物质最大程度地提取出来，才会有强烈而持续的厚实辣感，让人再三回味。

糍粑辣椒（见P062）常用的干辣椒有二荆条干辣椒、子弹头干辣椒、新一代干辣椒、七星干辣椒等。

煳辣

煳字与焦字同意，但对于川菜的煳辣味来说却不相等，川辣的煳字是指辣椒炒焦之前，呈褐色或深褐色并具有强烈而独特香气的状态，这独特香气混和了焦糖香、坚果香

及部分辣椒香。因为不是烧焦，所以煳辣味不会发苦，只有浓浓的煳香。煳辣味常见的来源有加了花椒制成的刀口辣椒（见P060）或是将干辣椒煸至微煳后搓碎的搓椒（见P059）。

酸辣

泡辣椒（见P144）的泡制工艺会让辣椒含有大量乳酸菌，具有一定的爽口感，在风味上就形成乳酸香浓而鲜辣的味感。以泡辣椒调制的蘸碟多半带甜味，整体味型属鱼香味的增减风格，在辣度上则视选择的品种。常用的有泡二荆条辣椒、泡小米辣椒、泡子弹头辣椒等。

辛辣

大家都知道生大蒜有强烈的味道，可以增加鲜味感并抑制异味，也有些许刺激感，这一刺激感与辣相似，在味感上一般称为"辛"以示区别。辛感是大蒜素刺激舌头神经形成的"痛感"，不太刺激人体其他部位，但具有累积的特性，即少量大蒜素造成的刺激感很弱，若是同位置累积的大蒜素超过临界值（每人不同），即会产生剧烈而深层的痛感。而大蒜素一经加热就会失去刺激性，因此调味上需要大蒜的独特辛味和气味就一定要用新鲜的大蒜。四川大蒜有常见的瓣蒜及独蒜二种，独蒜形态较美、味较柔和。

刚辣

姜的刺激感来自姜辣素，与辣椒、大蒜不同，部分姜辣素能分解腥味成分，因此也具有去腥的效果。在味觉上，姜的刺激感也有细微的差异，其刺激感属于直接、明确的，不易受其他味觉影响，而不论强弱都带有明显的温热感，因此称之为"刚辣"。

刺激感的强度与姜的种植时间成正比，即生长时间越长，姜辣素含量越高、刺激感

越强，纤维也越粗。一般种植时间在 4 个月左右的为嫩姜，又称生姜、子姜，风味较为柔和、口感脆嫩；达 10 个月以上的即为老姜，风味强烈、纤维感重。一般调制蘸碟多使用嫩姜。

▍调辅料丰富川辣蘸碟层次

川辣蘸碟除了辣味主料外，还需各种香、鲜、咸、酸、麻的调辅料完善整体滋味，体现川菜以复合味为主的调味特点。

所谓复合味就是调和多种调辅料味道，使其成为一特定风格的滋味，这概念具体化后即为川菜味型体系。在川菜味型体系中，主食材的本味、鲜味是构成特定味型风格的关键部分，因主食材的优劣会影响成菜滋味风格的完美程度，也就形成某些食材只适用于某些特定味型的基本规范。

如麻辣味除红油辣椒或辣椒粉外，还需要有花椒、酱油等，鲜辣味除鲜辣椒外，需要有小葱、醋、酱油、川盐等，酸辣味则是鲜辣椒、姜或蒜加上醋、酱油、香油及少许糖，鱼香味则是泡辣椒加上姜、蒜、葱及糖、醋等。

因此，从复合味的概念来看蘸碟与菜品的关系就很清晰，蘸碟的功能有两个：一是可以完善菜品的滋味，如麻辣火锅的香油蘸碟；二是因为菜品本身已具备完整的风味，搭配蘸碟可以增加滋味变化，如萝卜连锅汤的鲜辣蘸碟。

以下是以香气分类的川辣常用调辅料，部分调辅料涵盖多种特性，因此会在不同类别中出现。

咸香调辅料：川盐，各种酱油、复制酱油及各种豆瓣酱；榨菜、腌大头菜等。

酱香调辅料：酱油、口磨酱油、红酱油、复制酱油、豆豉、甜面酱等；郫县豆瓣酱、

四川常见的传统酱油酿制方式，将圆筒状竹篓置于酱缸中央过滤与汇集酱汁，酱油酿好后即从竹篓中间舀出。此方式酿制的酱油又称窝子油。

红油豆瓣酱、金钩豆瓣酱、家制豆瓣酱及各种酱香味浓的辣椒酱等；榨菜、腌大头菜等。

甜香调辅料：常见的有白糖、红糖、冰糖等，少数会用到蜂蜜、果糖、甜面酱。

酸香调辅料：四川的保宁醋、太源井醋、香花醋等麸醋、陈醋及米醋，泡菜及泡菜汁，还有柠檬、小青柠等酸味水果。

飘香调辅料：香油、花生油、藤椒油、红花椒油等。

酥香调辅料：油酥花生、油酥黄豆及葵瓜子仁、南瓜子仁、核桃、腰果等坚果。

脂香调辅料：芝麻、葵瓜子仁、南瓜子仁等。

麻香调辅料：南路红花椒、西路红花椒、青花椒、藤椒、藤椒油、红花椒油。

清香调辅料：小葱、青葱、蒜苗、香菜、茴香叶、柠檬、小青柠。

四川地区除了用对窝春辣椒粉，要求细粉的则使用石磨。

01

红油蘸碟
滋味香辣，爽口回甜

▌原料

红油辣椒（见P061）50克，酱油50克，白糖10克，味精2克，蒜蓉20克，芝麻油3克，小葱花15克，陈醋5克，熟芝麻1克

▌调制

将红油辣椒（多用红油，辣椒渣少点）、酱油、白糖、味精、蒜蓉、芝麻油、陈醋调入碗内，搅均匀后，盛入小碟子内，撒上熟芝麻、小葱花即成。

适用范围：适合作为咸鲜味汤菜类的蘸碟，如三鲜豆腐汤、红油水饺等，也可直接作为凉拌菜的拌汁，如大刀耳片、凉拌折耳根等。

02 香辣豆瓣蘸碟

酱香浓郁，醇辣麻香

▌原料

元红豆瓣酱 50 克，刀口辣椒末（见 P060）25 克，川盐 2 克，味精 2 克，生抽 1 克，红花椒油 1 克，白糖 5 克，芝麻油 3 克，小葱花 15 克，菜籽油 50 克

▌调制

将元红豆瓣酱剁细。接着把菜籽油倒入锅内，中火烧至五成热，下入元红豆瓣，转中小火炒至酥香后加入刀口辣椒末、白糖、川盐、味精调味，转小火炒匀舀入碗内，加红花椒油、生抽、芝麻油调匀，最后放上小葱花即成。

适用范围：适川菜中各式白味汤菜，如萝卜连锅汤、冬瓜连锅汤、炝炝菜、大骨粗粮汤等。

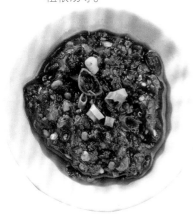

03 鲜辣豆瓣蘸碟

鲜酱辣爽口，菜油香突出清爽

▌原料

家制鲜豆瓣酱（见 P185）50 克，蒜末 15 克，味精 3 克，白糖 5 克，生菜籽油 50 克，红花椒油 5 克，葱花 10 克

▌调制

将鲜豆瓣酱加生菜籽油、蒜末、味精、红花椒油、白糖调匀，最后放上葱花即成。

适用范围：适合各种炖菜蘸碟，如"雪豆炖蹄花""山药炖猪肘"等。

04 酸辣红油蘸碟

酸香突出，辣感柔和，爽口开胃

▌原料

红油辣椒（见 P061）50 克，川盐 1 克，酱油 35 克，陈醋 35 克，味精 2 克，芝麻油 10 克，白糖 5 克，小葱花 15 克

▌调制

将红油辣椒、川盐、白糖、酱油、陈醋、味精、芝麻油一并调匀，再放上小葱花即成。

适用范围：时令鲜蔬菜肴，清炒油菜、蒜蓉炒苋菜等。

06
小米辣蘸碟
鲜香鲜辣味突出，味鲜而醇
又名"生椒蘸碟"

▌原料
红小米辣椒 30 克，蒜末 15 克，姜末 10 克，青尖椒 20 克，香菜末 10 克，川盐 5 克，美极鲜味汁 10 克，味精 2 克，陈醋 2 克，色拉油 20 克，生抽 10 克，红花椒油 5 克，芝麻油 5 克

▌调制
小米辣、青尖椒分别切细碎放入碗内，加入川盐、生抽、味精、美极鲜味汁、陈醋、色拉油、红花椒油、芝麻油、蒜末、姜末调匀，最后放香菜末即成。

适用范围：适用于各式白煮的菜肴，如"白切鸡""烫皮兔""蘸水白肉"等。

07
烧椒蘸碟
烧椒味菜油香突出，
咸鲜微辣

▌原料
青二荆条辣椒 50 克，蒜末 15 克，川盐 5 克，味精 1 克，小葱花 15 克，生菜籽油 25 克，生抽 10 克，白糖 5 克

▌调制
将青二荆条辣椒用柴火烧成虎皮状后去皮，再切成碎粒放入碗内，加入川盐、白糖、味精、蒜末、生抽、生菜籽油调匀，最后放入小葱花即成。

适用范围：可以作为炉炉菜的蘸碟，或者是直接浇淋在旱蒸茄子、凉粉、白水茄子等滋味清甜、爽口的熟料上成菜。

05
鱼香味蘸碟
鱼香味独特，酸甜微辣

▌原料
泡辣椒 50 克，姜末 20 克，蒜末 25 克，川盐 3 克，白糖 25 克，陈醋 25 克，味精 2 克，生抽 10 克，小葱花 20 克，色拉油 50 克

▌调制
泡辣椒去籽剁细蓉，装碗内。色拉油烧至六成熟，将热油舀在泡辣椒末碗里烫香，稍后加入蒜末、姜末、川盐、白糖、醋、生抽、味精、小葱花调匀即成。

适用范围：此蘸碟属凉菜的鱼香味，可作为酥炸类菜肴的蘸水或浇汁，如鸡排、炸大虾排等，或作为拌汁调制菜品，如鱼香青圆。

四川北部的广元与陕西接壤，饮食习惯带有北方的影子，加上山多，市场中的干货铺展示着各种菇菌和土特产。

麻辣江湖：辣椒与川菜

08

油酥豆瓣蘸碟

酥香微辣，口感多样

▌原料

红油豆瓣 50 克，榨菜粒 15 克，芝麻 5 克，油酥黄豆 5 克，红油辣椒 10 克，味精 2 克，花椒粉 2 克，小葱花 15 克，生抽 10 克，色拉油 50 克

▌调制

将色拉油入锅，中火烧至五成热，约 150℃，放红油豆瓣酱炒香炒酥后装入碗内，加入生抽、味精、芝麻、榨菜粒、花椒粉、红油辣椒调匀，最后放油酥黄豆和小葱花即成。

适用范围：菜汁豆花、荤豆花、酥肉冬瓜汤等清鲜汤菜。

※ *油酥黄豆制法*：将干黄豆用清水浸泡一夜，大约 10 小时后，滤干水分，下入四成热的色拉油中，以中火慢慢油炸至酥香脆爽，出锅沥油即成。

09

麻辣蘸碟

鲜香辣并重，麻辣爽口

▌原料

红油辣椒（见 P061）30 克，红小米辣 15 克，蒜末 10 克，味精 2 克，川盐 2 克，生抽 15 克，老抽 15 克，白糖 5 克，红花椒油 20 克，芝麻油 15 克，芝麻 1 克，小葱花 15 克，香菜末 15 克

▌调制

红小米辣剁成细末后加入红油辣椒、川盐、生抽、老抽、味精、白糖、蒜末、红花椒油、芝麻油调匀，最后放上小葱花、芝麻、香菜末即成。

适用范围：适合各类汤锅菜品，如什锦菌汤锅、排骨汤锅等。

10

藤椒香油蘸碟

藤椒清香味突出，鲜麻鲜辣

▌原料

青二荆条辣椒 35 克，藤椒油 35 克，川盐 5 克，生抽 20 克，大头菜粒 15 克，味精 2 克，香菜末 15 克，辣鲜露 15 克，芝麻油 15 克，小葱花 15 克，蚝油 5 克，大蒜粒 10 克，油酥黄豆 20 克

▌调制

青二荆条辣椒洗净去蒂，切成细碎粒入碗，加入川盐、生抽、辣鲜露、蚝油、味精、芝麻油、藤椒油、蒜粒调匀，再放入大头菜粒、油酥黄豆、香菜末、小葱花即成。

适用范围：适合作为青椒鱼火锅或泉水煮鱼片等和鲜汤锅的蘸碟。

11

姜汁鲜辣蘸碟

姜香味浓，鲜辣酸香

▍原料

生姜 35 克，红小米辣 15 克，绿小米辣 15 克，川盐 5 克，陈醋 20 克（香醋也可以），白糖 5 克，味精 2 克，美极鲜味汁 5 克，蒸鱼豉油 15 克，矿泉水 50 克，芝麻油 25 克，小葱花 10 克

▍调制

生姜去皮，切成细末，两种小米辣切成碎粒状，一并入碗，加入川盐、白糖、美极鲜味汁、味精、蒸鱼豉油、陈醋、芝麻油、矿泉水调匀，放上小葱花即成。

适用范围：此蘸碟有较佳的解腻增味效果，适合搭配清炖肘子、雪豆炖猪手等容易感觉肥腻的菜肴。

12

麻辣干蘸碟

麻辣味厚，干香诱人

▍原料

香辣辣椒粉（见 P058）40克，红花椒粉 15 克，川盐 5克，味精 3 克，熟芝麻 15 克，孜然粉 5 克

▍调制

将香辣辣椒粉、花椒粉、川盐、味精、孜然粉、熟芝麻合在一起调匀即可。

适用范围：适合搭配各类烧烤、煎炸类菜肴，以及各种串串香的蘸碟，如什锦串串、烤羊肉串、香煎牛排、鸡排等，可以增香加味。

13

煳辣椒蘸碟

煳香味浓，酸甜微辣

▍原料

二荆条干辣椒 3.5 克，蒜末 1.5 克，南路红花椒 0.5 克，姜末 5 克，白糖 5 克，川盐 6 克，香醋 10 克，味精 2 克，色拉油 35 克，芝麻油 15 克，小葱 15 克

▍调制

二荆条干辣椒、南路红花椒入锅，加入色拉油以小火炒至酥香捞出，用刀铡成碎末入碗内。放蒜末、姜末、川盐、白糖、醋、味精、小葱、芝麻油调匀即成。

适用范围：可搭配清汤腰片、酸菜腰片汤、煳辣脆瓜丝等爽口菜品。

成都南部新开发区的社区都要配套规划餐饮商业区，吸引知名餐饮进驻，才能吸引天生好吃嘴的成都人移居。

14

腐乳双椒蘸碟

腐乳味浓，鲜辣爽口

▌原料

鲜青尖椒 25 克，红小米辣 25 克，酥花生仁碎 20 克，蒜末 15 克，豆腐乳 25 克，油酥黄豆 15 克，腌大头菜粒 15 克，味精 3 克，川盐 2 克，香菜末 20 克，芝麻油 20 克，花椒油 15 克，蚝油 10 克，生抽 15 克

▌调制

鲜青尖椒、红小米辣去蒂把，洗净后去掉辣椒籽再切成细碎粒，入碗加川盐、味精、蒜末、豆腐乳、大头菜粒、芝麻油、花椒油、蚝油、生抽，最后放入黄豆、花生仁碎、香菜末即成。

适用范围：与清汤或白汤的羊肉火锅、羊杂汤锅等是绝配。

15

香油火锅蘸碟

咸鲜味香，醇厚多滋

▌原料

芝麻油 40 克，蒜末 10 克，川盐 1 克，味精 1 克，蚝油 1.5 克，麻辣火锅汤汁 50 克，香菜末 2.5 克，小葱花 2.5 克

▌调制

将芝麻油、蒜末、川盐、味精、蚝油入碗，加麻辣火锅汤汁调匀，最后放入香菜末、小葱花即成。

适用范围：川味各式老火锅、麻辣烫、串串香蘸碟，此蘸碟可根据个人喜好加适量香醋或陈醋，滋味更爽口。

16

米椒毛姜醋碟

鲜辣酸香，姜香味鲜明

▌原料

生子姜末 40 克，红小米椒丝 15 克，川盐 10 克，香醋 20 克，芝麻油 15 克

▌调制

将生子姜丝放入碗内加小米椒丝、川盐、香醋、芝麻油，调匀即成。

适用范围：此蘸碟在传统毛姜醋蘸碟调制时，增加小米椒粒，使其味更厚实爽口。搭配各类经典川式清蒸鱼菜肴滋味一绝。

川东广安的粽子极具特色，基本款只包糯米，包好的粽子都有一条"须"，成品竹叶香、米香浓郁，可当主食，也可蘸糖当点心。

干辣椒

香辣不燥

干辣椒以色泽红艳、油润、质干肉厚、辣味适当、香味纯正为最佳。

通常使用时切成段、节，也有切丝，或加工成辣椒粉，

糍粑椒、刀口椒、搓椒等来运用到不同的菜肴当中，从而形成了不同风味的特色菜肴。

川西成都地区喜用香气突出的二荆条辣椒，

川东偏好辣感鲜明的朝天椒、石柱红干辣椒，

川南则喜爱七星椒、小米辣入菜，其辣味更烈。

干辣椒在川菜制作中使用十分广泛，可直接使用，

也可炝香舂细成辣椒粉（川人惯称"海椒面"）蘸食或入菜调味，

或搭配香料、花椒炼制成红油、麻辣油用于调味，

以不同的形式滋味赋予小吃、火锅到各式热菜、凉菜一菜一格的多样香辣、过瘾滋味。

干辣椒不仅便于储存，川菜更常直接使用或炝香舂细成辣椒粉（四川人喜称"海椒面"）蘸食或入菜调味，或搭配香料、花椒炼制成红油、麻辣油用于调味，以多种预处理或是烹调工艺激出馥郁诱人的香气、滋味，辣香而不燥，刺激过瘾之余又能适口，带给小吃、火锅到各式热菜、凉菜—菜一格的多样香辣、过瘾滋味。

玩转干辣椒

川菜使用辣椒多是以香为第一，辣为其次，只要足以产生口感变化、增加适当的过瘾感觉即可，因此常用辣椒的辣度多属于中低，这就是为何香气浓、辣适口的成都牧马山二荆条辣椒成为川菜的首选，而特点相近、新疆和贵州产的皱椒也是绝佳选择。

偏好层次、味感变化多复合味的川菜，干辣椒的使用十分多样化，按香气、辣度、色泽、口感需求而有不同，如用于增加香气的有二荆条辣椒、皱椒；呈现辣感层次的有贵州河南子弹头辣椒、河南新一代辣椒、重庆石柱红辣椒，增加辣度层次的有贵州七星椒、云南小米辣、印度魔鬼辣椒等，加上烹调工艺的变化就能制作出口味、辣味变化繁多的菜肴。

除上述的基本原则，四川不同地区对辣及辣椒品种都有不同的偏好，川西成都地区偏好香而微辣，多喜用二荆条辣椒；川东偏好重辣，喜用朝天椒做菜；川南在干辣椒的辣度偏好大约中上，喜用七星椒，但对鲜辣高度的偏好就是川菜中的第一名；川北偏好的辣度比川西高些。

烹调时通常将干辣椒切成段、节，也有切丝或加工成辣椒粉、糍粑辣椒、刀口椒、搓椒等来运用到不同的菜肴当中，形成不同风味的特色菜肴，如川菜名菜陈皮牛肉、沸腾鱼、毛血旺、重庆歌乐山辣子鸡等均用干辣椒提香、调味、增辣，也普遍用于卤菜、冒菜中，在火锅、干锅品类中更是主要角色。

现今川厨在市场的蓬勃发展下，更把干辣椒的应用发挥到极致，无论是家禽家畜，或是生猛海鲜、野味河鲜菜肴都大量运用各种类型的干辣椒以创造出让人惊艳的滋味。

▌干辣椒节、丝

除了少数辣椒形态美观，可用于美化、增色而使用完整辣椒外，干辣椒的基本用法就是切成节或丝，即干辣椒节、干辣椒丝入菜烹制。

干辣椒节、干辣椒丝在川菜调味重点是取其香，通过油炒（135~165℃油温）或热油炸香（170~200℃油温）手段，让干辣椒褐变，即"美拉德反应"和"焦糖化"，而

新疆石河子戈壁滩上晒干辣椒的壮阔风景。

成所谓的"煳辣壳"，色泽应呈深棕红色，不能焦黑，川厨行业内多戏称"蟑螂色"，此时煳辣味浓郁、辣而不烈、香而不燥。

花椒也富含香辛味，能在热油中大量释放，煳香、花椒香相结合就能获得香而微麻、辣而不烈，奇妙而经典的川辣滋味，如名噪天下、煳辣荔枝味的宫保鸡丁就是代表性菜品，还有风靡大江南北的江湖菜重庆辣子鸡、沸腾鱼、毛血旺及传统的花椒鸡丁、陈皮牛肉、冷吃兔等菜肴。

干辣椒丝的作用与干辣椒节一样，在川菜菜品中多是为配合丝状主料而采用，考量的是菜品整体美感，如传统菜肴"干煸牛肉丝""干煸鳝丝"等。干辣椒丝在油炒或热油炸香时更容易焦黑，因此油温基本比干辣椒节低约30℃，风味上煳香味会轻些，但也恰好使用干辣椒丝的菜肴底味通常较厚，煳香味在这里主要起烘托作用。

辣椒粉

辣椒粉是干辣椒经过搓、绞、磨或春等工艺加工而制成的一种粉状的调味料，能增辣提香、丰实滋味，有粗有细且用量大，常用于川菜冷、热菜和小吃的调味中，视调味及菜肴风格需要而定，也是炼制红油辣椒的主要原料，常见菜肴如麻婆豆腐、麻辣鲫鱼、怪味花仁等都是用辣椒粉来增色添味。

从辣椒粉的制作可以一窥川菜对香辣味的极致追求！根据辣椒粉不同的风味要求，

干辣椒常用的形态，依次为完整辣椒，辣椒段，辣椒丝，粗粉，二粗粉，细粉。

干辣椒湿度与煳辣味

在北方常有炒煳辣味时干辣椒刚下锅，香味还没出来就焦黑了，这是因为北方环境干燥，干辣椒太干，入锅后少了蒸发微量湿度水分以缓和温度上升的过程，造成褐变时间不足，直接进入焦黑。解决方法很简单，只需前一天将每日要用的干辣椒放入可加盖的容器中，再放入一杯水，盖紧后静置一晚提高干辣椒的湿度，即可解决上述问题。

因川菜对辣椒风味的细致要求，成都的批发市场供应多达数十种的干辣椒及用于调配的各式花椒、香料。

要使用不同品种的干辣椒与工艺来制做辣椒粉，至少使用两个品种的干辣椒，一种出香，一种出辣，以一定比例搭配出需要的香、辣效果，极少使用单一品种。

确定辣椒粉的香辣要求并将辣椒配好后，即可下入锅中用少量的植物油及小火慢慢炕至酥香，并除去生干辣椒的冲味，也可用适量菜籽油烧热后将白芝麻炸香，再加入配好的干辣椒一起炕，成品香气更加丰厚、浓郁。再按要求选择搓、绞、磨或舂的方式将炕得酥香并晾凉的干辣椒制成适当粗细的

辣椒粉，一般分为细粉状或粗粉末状、二粗粉末状。

辣椒粉碎细化工艺首推舂法，过程中产生的热量少香气挥发少，辣椒成分的微结构破坏少，香辣的醇厚感较佳；搓法只能做成粗粉且粗细不均，辣感丰富但口感粗；绞法多只能做成粗粉，且粗细容易不均，效果变数多；磨法产生的热量多香气挥发多，加上辣椒的微结构大量被破坏，香辣感变得直接而缺少层次。

辣椒粉使用上唯一要注意的就是用于热

四川农贸市场中最受欢迎的辣椒多是舂出来的，至少提供三四种配方或粗细的辣椒粉，多的可达八九种，同时提供特定配方订制。

同一品种辣椒制成之辣椒粉粗细与香气、辣感、滋味、层次的关系。

辣椒粉	粗 ------> 细
香气	轻 ------> 浓
辣感	慢 ------> 快
滋味	轻 ------> 厚
层次	多 ------> 少

菜烹调时，一定要避免油温过高和加热时间过长，否则容易焦掉或香气挥发而减弱其香辣的效果。那如何辨识辣椒粉的好坏？色泽是否红亮不是重点，需要闻，若闻到一股生辣椒的生冲味时，就表示炒制工序不完整或没这工序，这种辣椒粉没法增香添味。

到这里，相信您就能明白，为何一个好的川菜厨师一定要自制辣椒粉，是为了可以更好地掌握风味、树立风格。

▋ 刀口辣椒

刀口辣椒简称刀口椒，是川菜在辣椒运用中的一个特色，顾名思义，就是用刀口剁碎成的辣椒末，是将干辣椒、干红花椒一起入锅，小火干炒或炸至酥脆、变色后出锅晾凉，再用刀口剁碎成粗末而成，因经过炒制处理而产生"美拉德反应"和"焦糖化"，产生的煳辣香浓郁，成菜煳辣味浓厚、香而不辣、辣而不燥、麻辣味浓厚而醇和。另有不加花椒的刀口辣椒，为特定菜肴所用。

刀口辣椒为何独立于辣椒粉之外呢？因刀口辣椒的最终风味必须靠高温热油激出来，所以要避免过于细碎而产生热油激而焦化发苦的现象，而用刀剁匀后的颗粒大小正好能让辣椒、花椒的煳香及麻辣味最大化，焦苦问题最小化，所以刀口辣椒的形态属于辣椒碎而非辣椒粉，此外使用机器打碎则辣

感直接，因辣感的干扰，香气感受相对变弱。

川菜中，刀口辣椒主要应用于体现味浓味厚的水煮类和炝锅类的菜品，如名菜水煮牛肉、水煮肉片、炝锅鱼等，或是以热油冲入刀口辣椒，放凉后作为多种凉拌菜品的调味料。

▋ 红油辣椒

红油辣椒在川菜范围内有多种别名，如油辣子、熟油辣椒、红油、辣椒油等，是烹调川菜时非常重要的调味品之一，广泛运用在川菜凉菜类、小吃类及部分热菜中，主要作用在于丰富并提升香辣滋味与层次，加上特色鲜明、使用普遍而有大量以红油为主体风味的菜肴，经规范后红油味鲜明的菜肴滋味被称为红油味型。

常见而广泛使用的红油有香辣红油、麻辣红油；泛用性较低但特点突出的有鲜椒红油、五香红油、泡椒红油、豆瓣红油、火锅红油。川菜著名的麻辣口水鸡、棒棒鸡、红油兔丁、蒜泥白肉、夫妻肺片等众多脍炙人口的佳肴，都是以红油辣椒作为核心香辣调味料的。

红油辣椒是将熟菜籽油冲入辣椒粉中搅匀，放凉后加盖静置12小时后即成，若是立即使用，红油中辣椒的风味物质未全部释出，因此滋味寡薄且油脂腻感明显。

红油辣椒的使用方式有三种：第一种是只用红油辣椒的红油，微辣而香，口感较精致，但辣感变化少；第二种是只用红油辣椒的辣椒渣，辣味厚、香气轻，口感粗糙；第三种是红油辣椒的油、渣一起用，可按菜品风格调整油、渣比例，成菜香气足、辣感丰富，口感介于上述两者之间，这是川人用红油辣椒最普遍的方式。

影响红油优劣的关键有三，一是辣椒粉，二是菜油，三是油温。首先在四川做红油都会调配专用的辣椒粉，选用不同品种的干辣椒并以适当比例调配后加工处理，经过炕、磨、绞、舂等工艺制成适当粗细的辣椒粉，一般是二粗状。

其次是一定要用浓香或纯香菜籽油，油脂稠度高才能更好地附着在食材上，入口才有滋味。选用浓香或纯香菜籽油还有一重要原因，那就是菜籽油的独特香味为四川红油香气组成的重要部分，这点是许多其他地方的人做红油所忽略的。

最后是油温的控制，后面食谱中的温度是一个基本标准，但冬季室温偏低，食材温度也偏低时，油温要适度提高5~10℃，夏季厨房温度若是特别高，油温就要适度降3~5℃，才能确保炼制效果的一致性。

炼制红油辣椒时，可根据菜肴需要的风味特色，酌情加入些姜片、大葱、八角、草果、花椒、白芝麻、核桃等增香原料，使制成的红油辣椒更香、味更浓。

糍粑辣椒

糍粑辣椒在四川及其他西南少数民族地区使用广泛，其中贵州用得最多，传统使用木杵（棒）舂的方法制作，与舂糯米糍粑一样，故名称"糍粑辣椒"，在传统川菜中有一道"贵州鸡"的主要调味料就是糍粑辣椒。

糍粑辣椒是选用多个品种干辣椒按一定的比例调配后，入锅中水煮、出锅沥干再绞成辣椒蓉。也可根据成菜风味特点的要求，或不同地区饮食习惯的差异，选用不同的辣椒品种或比例组合搭配。质地优异的糍粑辣椒应是色泽红亮、无杂质、无异味，辣味比较柔和，辣而不燥，在菜肴中的主要功能为增色、增辣、增加亮度等。

糍粑辣椒入锅用油炒酥香可用于凉菜，或用于热菜调味，也是川菜制作复制底油的基本原料，如熬制火锅老油，炒制串串香、麻辣烫、干锅底料等等，川味火锅更是重用"糍粑辣椒"炒制锅底料以增辣、提色。

一张竹椅，一杯清茶，体验成都人香鲜麻辣之外的安逸生活。

川辣必学的秘制调料

春制辣椒粉

▌原料
二荆条干辣椒

▌制作流程
1. 将干辣椒去蒂把，剪（或切）成小节子，去掉辣椒籽。

2. 去籽干辣椒节入锅小火慢慢烘炒至干香、酥脆时出锅晾凉。

3. 用石窝将晾凉干辣椒春成二粗状的末即成。

4. 春的时间加长即可得细辣椒粉。

▌技术关键
1. 二荆条干辣椒选用色泽红亮、无虫蛀、伤疤、干燥的为上品。

2. 辣椒籽太多炒制时容易糊，最好炒制前破开去除部分辣椒籽，避免影响出品品质。

3. 炒制过程中适宜用小火慢慢炒香，火大容易炒得焦煳，口味发苦且颜色不红亮。

4. 春出来的辣椒粉比机器绞出来的香，味更浓厚。

5. 此方法为最基本的辣椒粉制法，适用于各品种干辣椒粉的制作，如贵州子弹头辣椒粉、新疆纵椒辣椒粉、七星干辣椒粉等。

孜然辣椒粉

▌制作流程
将贵州子弹头辣椒粉 250 克，孜然粉 150 克，食盐 50 克，味精 20 克，花生碎 100 克纳入盆中拌匀即成。

在四川的大农贸市场中可买到当天刚炒香的干辣椒，可请摊摊老板帮您制成辣椒粉或是买回家自己舂制。

烧烤辣椒粉

▌制作流程

将细贵州子弹头辣椒粉 200 克（见 P057），细新疆纵椒辣椒粉 100 克（见 P057），食盐 30 克，味精 15 克，孜然粉 150 克，熟白芝麻 100 克纳入盆中拌匀即成。

香辣辣椒粉

▌原料

贵州子弹头干辣椒 500 克，干红花椒粒 30 克，带皮白芝麻 50 克，小茴香 10 克，菜籽油 100 克

▌制作流程

1. 将贵州子弹头干辣椒剪开后去籽、去蒂把备用。

2. 取净锅上中火，下入菜籽油 100 克烧至七成热，将锅离火后下入带皮白芝麻炒香再下入干红花椒粒、小茴香爆香。

3. 接着投入去籽后的贵州子弹头干辣椒，开小火翻匀、慢炒至子弹头辣椒酥脆干香。

4. 出锅静置到完全凉冷后，放入石窝内舂捣成二粗状的辣椒粉即成。

▌技术关键

1. 贵州子弹头干辣椒选用色泽红亮、无虫蛀、伤疤、干燥的为上品。

2. 炒制辣椒节前，必须先将芝麻爆香，然后再炒辣椒。

3. 炒制辣椒时必须用小火慢慢翻炒至辣椒酥脆、干辣椒的生味断掉。

4. 炒制辣椒时火力过大容易将辣椒炒糊而产生焦味，影响成菜风味；火力过小炒制的时间会拉得过长。

5. 辣椒粉用石窝手工捣碎的辣椒粉香味更浓，辣感醇而有层次。用肉泥机或打粉机绞打出来的辣椒粉色泽较暗，香气轻，辣感直接，没层次。

6. 干红花椒粒最好选用南路红花椒，以汉源最佳，香味浓苦味少。

7. 白芝麻一定选用带皮白芝麻，没有提取过香油的，香味才浓厚。

特制麻辣辣椒粉

▌原料

贵州子弹头干辣椒 250 克，新疆纵椒 150 克，汉源牛市坡红花椒 50 克，孜然 10 克，小茴香 10 克，带皮白芝麻 100 克，菜籽油 70 克，川盐 20 克，鸡精 100 克，味精 70 克，白糖 50 克，细酥花生碎 150 克

晒辣椒、舂辣椒是让每个四川人家生活有滋有味的重要工作。

▌制作流程

1. 炒锅洗净烧干后下菜籽油，开中火烧热至近八成热（约230℃），下带皮白芝麻爆香，转小火下汉源牛市坡红花椒、孜然、小茴香炒香后离火。

2. 放入贵州子弹头干辣椒、新疆纵椒，炒锅放回炉上，小火慢慢翻炒至干香、酥脆，出锅晾凉。

3. 将炒好晾凉的辣椒、花椒放入石对窝（石臼）内春捣成二粗麻辣辣椒粉。

4. 将麻辣辣椒粉放入盆中，调入川盐、鸡精、味精、白糖、细酥花生碎拌匀即成。

▌技术关键

1. 芝麻必须用高油温爆炒香，油温过低芝麻香味出不来；油温也不能太高，会将芝麻炒焦煳。

2. 放辣椒时锅必须拖离火源，低温慢慢将辣椒炒至酥脆，切忌大火、高温而把辣椒炒黑，口味发苦。

3. 调味前将颗粒状的川盐、白糖、味精、鸡精辗成粉状，成品口感更佳。

红油专用辣椒粉

▌原料

新疆纵椒250克，四川二荆条辣椒150克，贵州朝天椒100克，带皮白芝麻50克，菜籽油100g克

▌制作流程

1. 将新疆纵椒、四川二荆条辣椒、贵州朝天椒分别剪开成两段，去除蒂把及部分辣椒籽。

2. 炒锅入菜籽油100克大火烧至240℃时，将带皮白芝麻下入油锅中爆香后离火。

3. 加入去籽的新疆纵椒段、四川二荆条辣椒段、贵州朝天椒段后上炉火，小火慢慢炒香至辣椒段酥脆出锅晾凉备用。

4. 将炒制好、晾凉的辣椒段放入石对窝内捣成二粗状的辣椒粉末即成红油辣椒粉。

▌技术关键

1. 红油专用辣椒粉必须选用三种辣椒组合，新疆纵椒不辣增香、四川二荆条辣椒增红亮度、贵州朝天椒增辣。

2. 要想川菜中的凉拌菜好吃，红油辣椒是关键。红油辣椒制作的关键是辣椒粉的搭配比例、辣椒的初加工处理方法。三种辣椒必须破开去籽，否则炒制过程中辣椒容易焦黑，另外，红油辣椒成品后，辣椒籽太多使用不方便也不美观。

3. 炒制辣椒段时，三种辣椒的厚度不一样，最好三种辣椒分别炒制并制成辣椒粉再按需要的比例调配混合而成。

4. 要想辣椒粉回味更香，一定要选用带皮白芝麻为原料；白芝麻必须用230~250℃的油温才能激发芝麻的香味。

5. 炒制辣椒段时，火要小，同时还要不停地翻炒，以免辣椒段接触锅底部分糊底变焦、发黑而影响后期辣椒粉的颜色，从而影响红油辣椒的香味、色泽。

6. 炒制好后的辣椒段放凉后，最好用石窝春捣碎成辣椒粉。捣比机器绞碎的香味更浓、炼制成的辣椒油颜色更红亮、辣椒油的稠度更浓厚。

搓椒（又名搓辣椒粉）

▌原料

贵州子弹头辣椒500克，菜籽油20克

▌制作流程

1. 将贵州子弹头辣椒剪破成两瓣、去籽后入锅中，小火翻炒。

2. 炒制中途加入少量的菜籽油，慢火炒制30分钟至辣椒酥脆干香倒出晾凉。

3. 用手搓成黄豆大小的碎末即成。

技术关键

1. 贵州子弹头干辣椒的辣椒籽特多，所以要提前破开，筛去辣椒籽，再入锅炒制。

2. 炒制过程中小火慢炒快翻至酥脆。

3. 加少量的菜籽油是让锅底更加油滑，方便翻锅，调加香味。

4. 也可用石窝捣碎，但用手搓成的辣椒粉煳香味更浓，成菜质感更清爽。

刀口辣椒

原料

七星干辣椒 250 克，干红花椒 30 克，色拉油 15 克

制作流程

1. 将七星干辣椒剪成节，入锅小火炒香，加入干红花椒继续炒至辣椒变成褐红色且酥脆，即可出锅晾凉。

2. 用刀在菜板上将晾凉后的辣椒花椒铡成碎粗末即成刀口辣椒。

技术关键

1. 使用七星干辣椒的刀口辣椒，其辣味突出而浓，也可以按需要的辣感改用贵州子弹头干辣椒或香而不辣的四川二荆条辣椒、新疆纵椒。

2. 干红花椒宜用南路椒，其中以汉源上等南路椒最佳。

四川家庭常小量制作红油，随做随用的醇厚感稍差，但应付临时需求还是美滋滋的。

熟油辣子（又名熟油海椒、四川油辣子）

原料

四川二荆条干辣椒 250 克，菜籽油 750 克，老生姜 25 克，大葱 50 克，洋葱 25 克

制作流程

1. 四川二荆条干辣椒入锅以小火慢炒至香，当辣椒变为焦褐色至脆后，出锅晾凉。

2. 把已晾凉且炒得香脆的辣椒用蔬果调理机打成二粗的辣椒粉，倒入小汤锅内备用。

3. 将纯菜籽油入锅旺火烧熟至发白。关火后再下大葱、老生姜、洋葱，利用熟菜籽油的热度炸香后沥去料渣留油在锅中。

4. 将炼熟至香的菜籽油以大火再加热到六成热，倒入汤锅内的辣椒粉中，搅匀后静置冷却即成。

技术关键

1. 可按需要的辣度、辣感改用新疆纵椒、贵州子弹头干辣椒或七星干辣椒。

2. 菜籽油必须大火烧 270~280℃ 时至熟，让颜色变浅，才能去掉菜籽油的生臭味、异味。若是购买已炼熟的菜籽油就不须炼熟生菜油的工序。

刀口辣椒成品。

红油辣椒

（又名熟油辣子、熟油辣椒，或简称红油）

经典红油辣椒，可以油、渣一起用，也可油、渣单独使用，使用广泛，是川菜烹调必不可少的基本复制调料之一。

▌原料

红油专用辣椒粉 500 克（见 P059），带皮白芝麻 200 克，去壳核桃仁 75 克，菜籽油 2600 克，常温色拉油 500 克

▌制作流程

1. 将菜籽油入锅大火烧至九成熟（约 275℃）时关火，晾至 240℃时将带皮白芝麻 150 克入油锅中炸香至芝麻无水分、无响声、黄亮、香气饱满时捞出，倒入常温色拉油中浸泡至凉备用。

2. 待油温降至 190℃时，将去壳核桃仁放入 1/2 的辣椒粉内，舀入 1/3 的热油冲入辣椒粉中搅匀至香，并用炒勺不断搅制。

3. 待油温降至 135℃时，再将剩余的 1/2 辣椒粉加入第一次的辣椒粉油桶中，并不断地搅拌，再将剩余的 2/3 热油加入到辣椒粉内搅匀。

4. 最后将炸香后的白芝麻控净油，加入步骤 3 的辣椒油桶中搅拌均匀即成红油辣椒。

5. 制作好的红油辣椒稍凉后，用盖子盖上，静置 12 小时以后使用，味道更香，颜色更红亮。

▌技术关键

1. 冲入热菜籽油必须分两次加入，第一次高油温是增加辣椒粉的煳香味；第二次低油温冲辣椒粉是让红油辣椒成品后更加红亮，这样才能炼出色、香、味俱佳的辣椒油。

2. 去壳核桃仁可增添香味，并能适度延长红油辣椒香味的品质。

3. 炼制好的红油辣椒必须加盖静置 12 小时以上才能使用，这样红油辣椒的红亮度、香味才能完全挥发出来，成菜的复合味才能更加厚重。

新派红油辣椒

▌原料

新疆纵椒 500 克，白芝麻 150 克，草果 15 克，八角 20 克，桂皮 15 克，香叶 15 克，汉源红花椒 15 克，大蒜 25 克，香草 15 克，色拉油 2500 克，生姜 20 克，大葱 30 克，洋葱 20 克

▌制作流程

1. 新疆纵椒剪成段或节。锅内放入色拉油 100 克小火烧至 160℃时，加入新疆纵椒段小火慢慢炒香，待辣椒节变脆时，倒出晾凉后放入对窝内，制成二粗状的辣椒粉，放入盛器内备用。

2. 把色拉油 2400 克放入锅内烧至四成热时，放入草果、八角、桂皮、香叶、香草、生姜、大蒜（拍碎）、大葱、洋葱小火慢炸至出香

炼制好的香辣油，从前到后分别是煳香麻辣油，红油，老油的色泽差异。

味后捞出不用。

3. 将炼香的色拉油再用中火烧至约六成热（180~190℃），关火后将1/3热油放入辣椒粉并搅拌，再加入白芝麻、汉源干红花椒。

4. 待油温降至160℃左右时，再将1/3热油加入辣椒粉搅拌。

5. 最后，待油温降至130℃时，将最后1/3热油加入后，晾凉，静置12小时即成红油辣椒。

▌ 技术关键

1. 干辣椒入锅炒制时须小火慢慢炒香，炒至香脆时出锅晾凉。炒制干辣椒段时火候不宜过大，否则干辣椒会焦黑并产生焦苦味，影响辣椒油的颜色、香味。

2. 加工制作干辣椒粉时，辣椒粉不宜制作过细，太细了香辣味不够，同时也经不起热油温的激烫，辣椒粉容易焦。

3. 炼制红油辣椒时，切忌一次性将热油倒入辣椒粉当中，应分多次加入，才能使炼制出的红油辣椒的香味、辣味、色泽、层次都达到最佳效果。

糍粑辣椒

▌ 原料

配方 **A.** 香辣糍粑辣椒：二荆条干辣椒100克，子弹头干辣椒50克

配方 **B.** 火锅底料糍粑辣椒：七星椒干辣椒700克，新一代干辣椒300克

配方 **C.** 微辣型糍粑辣椒：新疆纵椒100克，二荆条干辣椒100克

▌ 制作流程

1. 按需要选择适当配方，将配好的干辣椒用剪刀剪成小节或小段，筛去辣椒籽。

2. 干辣椒涨发方法一：汤锅中放清水泡发干辣椒约30分钟后大火烧开，再转小火煮约30分钟，煮至辣椒皮完全软涨，捞出沥去水

糍粑辣椒成品。

分，备用。

3. 干辣椒涨发方法二：将去籽后的干辣椒段入汤桶内，灌入清水完全淹没干辣椒段，并在汤桶中的干辣椒段上面用竹篾子压住，确保全部干辣椒段都完全浸泡在水中，浸泡12小时至完全涨发后，捞出辣椒段沥干水分，备用。

4. 用研磨机将方法一或二完全涨发的辣椒段研磨成干稠的辣椒蓉状即成糍粑辣椒。

▌ 技术关键

1. 在四川地区，一般情况下每500克去籽干辣椒节可以制作出1500克的糍粑辣椒成品。

2. 因糍粑辣椒无盐、无味，容易发酸变质和变味，务必当天制作当天使用，实在无法用完还可以放入冰箱冷藏库中存放，但仅可低温保存1~2天。

3. 制作糍粑辣椒的干辣椒外表应颜色红亮、无霉变、虫蛀，干湿度适中。

纯炼制老油
（又名火锅老油）

▌ 原料

生菜籽油5千克，纯牛油5千克，高粱白酒800克，姜片200克，洋葱500克，大葱500克，拍破大蒜350克，豆豉末40克，姜末100克，蒜150克，郫县豆瓣800克，泡二荆条辣椒末500克，糍粑辣椒3千克，

干红花椒碎 400 克，干青花椒碎 100 克，白胡椒碎 50 克

调味料：白糖 100 克，冰糖 120 克，川盐 100 克，鸡精 100 克，味精 70 克

香料：草果 50 克，白蔻 60 克，八角 80 克，栀子 50 克，荜拨 20 克，孜然 50 克，小茴香 80 克，桂皮 30 克，香茅草 30 克，甘草 30 克，山奈 20 克，砂仁 20 克，白芷 30 克，丁香 10 克，七里香 10 克，香叶 15 克，川芎 10 克，陈皮 15 克

▌ 制作流程

1. 生菜籽油入锅大火烧至 275℃，关火使其自然冷却至 130℃。

2. 所有香料用清水浸泡 5 分钟并淘洗干净、沥干水分，分成两份备用。

3. 纯牛油下入另一净锅内，小火慢慢将其熬化，全部化开后随即烹入高粱白酒 50 克给熬化的牛油增香，接着将熬好后的 130℃菜籽油倒入牛油锅中搅匀。

4. 转中火加热升温至 130℃时，转小火，下姜片、洋葱、大葱、拍破大蒜慢慢炸至黄亮，烹入高粱白酒 50 克降温，再下一半分量的香料入锅慢慢炸炒。

5. 待油温重新回升至 130℃时，烹入高粱白酒 50 克降温。小火慢慢熬至姜片、拍破大蒜黄亮、干香无水分时，再烹入高粱白酒 50 克降温。捞出锅中所有料渣不用。

6. 下入豆豉末炸至干香浮面，再下入姜末、蒜末炸至干香酥脆黄亮，烹入高粱白酒 50 克降温。

7. 接着下入冰糖 65 克炒化再加入郫县豆瓣搅散至香味飘逸，再下入泡二荆条辣椒末炒至油的色泽红亮，烹入高粱白酒 50 克降温，接着下入糍粑辣椒翻炒均匀。

8. 下入剩余的一半香料继续翻炒，烹入高粱白酒 50 克降温。加入青花椒碎、红花椒碎、白胡椒碎翻炒均匀，烹入高粱白酒 50 克降温。再调入川盐、鸡精、味精、白糖、冰糖

翻腾的四川火锅、串串香火锅与安静的冷串串看似不同，但本质都是麻辣鲜香、滋味醇厚、过瘾舒爽，其中关键就是香料油的炼制。

65 克，慢慢翻炒至锅边亮油、出香味和麻味。

9. 最后将剩余的高粱白酒 400 克加入锅中，继续小火翻炒 5 分钟左右关闭火源。出锅闷制 12 小时后捞出料渣即成纯炼制老油。

▌ 技术关键

1. 香料部分最好选用太阳晒干的，炼制好的老油成品无异味；如果用到硫磺熏制过的香料炒制老油，成品会有一股异味，从而影响火锅风味的口味特点。

2. 炒制老油时必须用小火、低温慢慢翻炒，忌讳用大火快速急炒，这样的老油色泽发暗、不红亮，香味较清淡且容易产生焦味。

3. 炸制大葱、洋葱、姜片、大蒜、香料这一步非常关键。必须小火慢慢熬制60分钟左右，炸至所有原料基本无水分、干香、黄亮，香味物质方能最大程度的融入油中。否则老油成品层次寡薄。

4. 干青、红花椒用粉碎机捣碎的目的是让花椒的麻味、香味成分可以更快速且充分的释入油中，这样的老油出品味道会更加醇厚。避免过细成粉状，容易焦掉。

5. 所有香料必须用清水浸泡几分钟：一是为了淘洗净泥沙；二是因为带水分的香料在油锅中才经得住油温的熬制。因干燥的香料在油锅中风味成分不易释出，却极容易炸焦而产生焦味，影响成品味道。

6. 炼制老油时高粱白酒分批分次下入油锅中的目的有二：一是可以降温，二是可以增加油的香味层次。切忌图方便而一次性将高粱白酒倒入锅中。

7. 最后将剩余的高粱白酒加入锅中，目的是让所有香料、调料的芳香物质在酒精的催化下产生类似发酵的融合效果，可大幅增加老油的醇香感与层次。

油辣卤油

▌原料

菜籽油15千克，满天星干辣椒段700克，贵州子弹头干辣椒段500克，印度魔鬼干辣椒段300克，粗二荆条舂制辣椒粉500克（见P057），新一代糍粑辣椒500克（见P062），老姜厚片1000克，大蒜500克，大葱500克，小葱500克

香料：小茴香250克，老甘草200克，八角150克，山柰130克，汉源花椒150克，白蔻130克，草果100克，桂皮100克，孜然粒70克，白芷75克，金砂仁75克，川芎75克，七里香70克，公丁香60克，荜拨50克，陈皮40克

▌制作流程

1. 菜籽油入大炒锅大火加热至270℃时，转中火维持3~4分钟后关火降温。

2. 当菜籽油温度降至200℃时，下老姜厚片、大蒜、大葱、小葱，以热油余温慢慢炸至香。

3. 待姜片表面炸得棕黄时，下新一代糍粑辣椒，开小火炒至油色红亮、断生。

4. 下入满天星辣椒节段、贵州子弹头干辣椒段、印度魔鬼干辣椒段，小火慢慢炒至变成红棕色时关火并捞出所有干辣椒段晾凉。

5. 待油温降到100℃时下入所有香料及粗二荆条舂制辣椒粉，开小火、翻匀，当温度升到110℃后维持温度熬制40~50分钟，待老姜厚片、大蒜、大葱、小葱、各种香料完全没水分后关火降温，同时把全部料渣捞出并摊开放凉。

6. 待油温晾凉后，把步骤4晾凉的干辣椒及步骤5晾凉的香料、料渣倒回油里搅匀后，盖紧、静置闷2天即成油辣卤油。

▌技术关键

1. 熬制好的辣卤油离火后，将捞出的料渣（各种辣椒、香料）再放入油中浸泡，使辣卤油的辣味更加浓郁和回味更厚重。

2. 全程控制好火候及油温。

3. 可将所有香料打成碎末状，香味更加浓厚，但火候控制要更精细，以免香料焦掉。

4. 步骤4关火后务必将辣椒段捞出并摊开凉透，最后再与香料渣一起放入油中浸泡。否则后续熬香料的油温会使辣椒段焦黑，影响出品风味。

※ *油辣卤油的维护*

　　油辣卤油完成后，5~7天内卤制食材的滋味效果最佳，放的时间太长，辣味、香味

会流失、挥发。

　　油辣卤油卤制一定量的食材后的香气、滋味会变得不足，这时就需要对油辣卤油进行香气、滋味的补充，其方法为制作油卤香料粉膏后适量加入油辣卤油中，适度熬制以充实香气、滋味。

　　油卤香料粉膏最好现拌现用，不宜长时间保存，因香料粉膏十分容易变质变味，具体使用量要根据油辣卤油卤制过的食材量及香料滋味的喜好来弹性调整用量，这部分十分依赖经验，也因此川菜行业中都是专人管理维护油辣卤油或各式卤水。

油卤香料粉膏

▍原料

小茴香 120 克，甘草 100 克，桂皮 100 克，八角 125 克，孜然 120 克，胡椒 100 克
山柰 120 克，荜拨 100 克，汉源花椒 80 克，草果 70 克，白蔻 70 克，细辣椒 600 克
财神蚝油 400 克，高粱白酒 350 克，香醋 300 克，卤油 2000 克

▍制作流程

1. 将小茴香、甘草、桂皮、八角、孜然、山柰、荜拨、草果、白蔻、汉源红花椒分别碎成粉末状。

2. 将步骤 1 的香料粉入盆，加入胡椒粉、细辣椒粉、财神蚝油、高粱白酒、香醋、卤油拌匀即成增香粉膏。

成都是茶马古道的起点，其市树为银杏，深秋时转为金黄。

蒜泥白肉

色泽红亮，蒜泥味浓郁

【川辣方程式】 红油＋蒜泥红油味＋煮＋拌

以刀工精湛，片张大出名的"李庄白肉"。

蒜泥白肉在多数菜系中都有类似的菜品，川菜在蒜的辛香基础上加入红油的醇辣浓香，体现出四川人好"香"的饮食偏好。

最著名的要属宜宾李庄古镇的"大刀白肉"，除滋味绝佳，更突出精湛的刀工，以大刀片肉，每片肉最小都有巴掌大，薄而不穿，又被称为"李庄白肉"。

▌食材·调料

猪后腿肉 500 克，绿豆芽 120 克，姜片 10 克，大葱 20 克，蒜泥 60 克，川盐 2 克，味精 2 克，鸡精 2 克，白糖 10 克，香醋 15 克，东古一品鲜酱油 15 克，财神蚝油 10 克，红油 20 克，清水 2500 克

▌烹调流程

1. 将清水入锅大火烧开转成小火，放入猪后腿肉、姜片、大葱煮 20 分钟，关火闷 30 分钟，捞出晾凉，备用。

2. 另起一开水锅，下入绿豆芽汆煮至断生，捞出晾凉后垫盘底。晾凉熟猪后腿肉片成薄片，盖在绿豆芽上。

3. 取一碗放入蒜泥、川盐、味精、鸡精、白糖、香醋、东古一品鲜酱油、财神蚝油、红油调拌均匀，再浇于盘中的白肉上成菜。

▌大厨秘诀

1. 最好选用猪后腿二刀肉，肥瘦相连。煮肉的水要多且淹过猪肉，小火焖煮效果更佳。

2. 煮熟的二刀肉刀工处理一定要片张大、薄而不穿孔。

3. 蒜泥汁调制时一定要浓稠，否则整体味道欠缺浓郁感。

002

五彩缤纷

色彩鲜艳，酸甜可口

【川辣方程式】贵州子弹头干辣椒＋煳辣油＋煳辣荔枝味＋拌

　　凉菜在川菜中拥有较重要的位置，一定规模以上的餐馆酒楼必定设有专门的凉菜部，对饮宴而言，起到诱食欲、促开胃的效果。家常餐馆也必卖凉菜，因出菜快，常是解饿兼开胃的菜品。

　　对酒楼而言，凉菜可事先准备，摆盘多能展现美与意境，为席宴定调。此菜运用多种蔬菜，色彩缤纷、酸甜可口、清凉脆爽，满足食客的吃情食欲！

▌食材·调料

生菜 50 克，娃娃菜 50 克，胡萝卜 50 克，苦菊 50 克，白萝卜 50 克，干红花椒粒 5 克，贵州子弹头干辣椒 30 克，纯净水 100 克，冰糖 100 克，川盐 5 克，味精 10 克，陈醋 150 克，色拉油 300 克

▌烹调流程

1. 取净锅下入色拉油，大火烧热至五成多（约160℃）后关火，将锅端离开火源，随即放入干红花椒粒、贵州子弹头干辣椒炝香，出锅晾凉即成煳辣油，备用。

2. 生菜、娃娃菜、胡萝卜、苦菊、白萝卜分别切成细丝，浸泡入冰水中备用。

3. 另取净锅，下入纯净水、冰糖、川盐、味精、陈醋，小火熬化成甜酸酱汁，晾凉备用。

4. 将步骤 2 的各种时蔬丝捞出沥干水分别装入盘中，备用。

5. 取一碗加入步骤 3 的甜酸酱汁 200 克与步骤 1 的煳辣油 50 克，搅均匀后淋在盘中时蔬丝上即成。

▌大厨秘诀

1. 煳辣油需要提前 2 小时炼制好，静置晾凉后口感更佳，否则成菜会有刺喉的干辣现象出现。

2. 炼制煳辣油时温度过高容易将辣椒、花椒炸煳、炸焦、发黑，导致变味；温度过低辣椒、花椒的煳辣香味逼不出来而影响成菜的口味。

3. 煳辣油和甜酸汁可批量生产，因此出品具有可量化、标准化且口味稳定的特点，还有节约人工费用的额外好处。

4. 时蔬可依时令变化，在颜色上需要有区别，成菜才能缤纷多彩。此菜为生食，务必新鲜，切好的蔬菜最好浸泡在冰水中保持鲜脆感。

四川田园景观。

003

干拌乌鸡

粗狂豪迈，入口干香麻辣

【川辣方程式】 舂制辣椒粉＋麻辣味＋旱蒸＋拌

川菜中，干拌菜多是麻辣味，最大特点就是入口干香麻辣，风味主要来自好的辣椒粉与花椒粉。其中的辣椒粉精选香气突出、辣度适中的贵州子弹头干辣椒，加上少许红花椒先在锅中小火烘炒至干香，再用石对窝（石臼）捣成粗细均匀的粉末状。加花椒的目的在于适度抑制尖锐的辣感并增香，可让辣椒粉的味感更醇。当然，你也可根据所在地区的口味偏好，选用不同的干辣椒品种及比例制作辣椒粉，成菜滋味更能符合当地的口味。

在四川农村，每到辣椒产季，各家都要自己晒一些干辣椒。各家

▌ 食材·调料

理净乌鸡400克，大葱节10克，生姜15克，小葱15克，舂制辣椒粉20克（见P057），花椒粉3克，川盐5克，味精1克，红花椒粒1克，料酒10克，醪糟汁15克，香菜10克，白芝麻2克

▌ 烹调流程

1. 理净乌鸡冲洗后放入沸水锅中汆烫，除去血水后捞出，置于盘中。

2. 将料酒、醪糟汁、生姜（拍破）、大葱节、川盐3克、红花椒粒混和，均匀抹在乌鸡里外，连盘一起放入蒸笼中大火蒸约20分钟，取出晾凉。

3. 乌鸡晾凉后用手将肉撕成粗条状，小葱15克切寸段，香菜切小段备用。

4. 将撕好的鸡肉条、小葱段、香菜段放入盆内，放入川盐2克、味精、舂制辣椒粉、花椒粉、芝麻拌匀即成。

▌ 大厨秘诀

1. 乌鸡一定要先用沸水汆一下，去掉血水后再蒸制，成菜肉色白净，亦可去除部分腥味。

2. 掌握好蒸制时间，不宜蒸太久、太烂，否则成菜肉香不足、口感差，鸡肉也不成形。

3. 用于此菜的手工舂制辣椒粉不能舂得太细，合适的大小可以使香辣层次感更丰富。

004
搓椒脆瓜丝

色泽翠绿，造型美观精致，酸辣爽口

【川辣方程式】 二荆条煳辣搓椒＋酸辣味＋淋

搓椒风味属川菜地区的家常香辣享受，现炝、现搓、现吃，比起辣椒粉，制作简单、香气更足，辣感也较为温和又不失刺激过瘾。

家常而不寻常是川菜令人惊艳的秘诀，此菜家常做法多是简单切丝拌味，滋味佳却不成形，馆派做法在刀工与摆盘上下功夫，成菜变得精致美观，精选上等二荆条辣椒，煳辣味突出，辣感舒适开胃。

▌食材·调料

三月瓜500克，食用花3朵，二荆条煳辣搓椒（见P059）30克，搓椒汁180克

▌烹调流程

1. 将三月瓜洗净刨去外表粗皮，用刨丝刀刨取三月瓜外层的绿皮并呈整齐丝状。里层白瓜肉留作他用。

2. 用可饮用的纯净水泡洗一遍，再像盘头发一样逐一摆入盘中，点缀食用花。

3. 将搓椒汁入碗，调入二荆条煳辣搓椒搅匀，同造型后的三月瓜丝一同上桌。可以选择淋拌或蘸汁食用。

▌大厨秘诀

1. 三月瓜又名"夏南瓜"或"西葫芦"，有些地方叫"栉瓜"。选料时应选用颜色嫩绿、个头均匀、笔直的出品率较高。弯曲、大小不均的三月瓜浪费比较多。

2. 刨丝时顺序不能乱，必须整齐有序，否则造型出来会显得凌乱，缺乏精致感。

3. 成菜食用时如果要体现煳辣酸香味厚重，可淋汁、抄拌均匀后再食用；如果要求形态好看就采蘸汁法食用。

人民南路，成都唯一正南北向的干道，由文人李劼人在担任成都市副市长期间修建，前瞻的理念对今日的成都发展有很大影响。

【搓椒汁熬制】取开水500克下入锅中，加入香醋100克，生抽100克，鸡精30克，味精30克，美极鲜味汁40克，川盐2.5克，白糖20克，小黄姜100克（拍破），去皮大蒜50克（拍破）等调辅料，开大火烧开后，改成小火熬煮5分钟，离火放凉即成。

冷吃牛肉

色泽红亮，干香滋润，麻辣爽口

【川辣方程式】新一代干辣椒＋印度干辣椒＋皱椒辣椒粉＋麻辣味＋炸收

　　早期盛产井盐的地区，如自贡及周边地区，畜力需求大，致使牛的汰换率大，常见牛肉比猪肉便宜的现象，作为延长食物可食用时间的"炸收"工艺因而被普遍利用，各式炸收处理的牛肉就成了常见的干粮，也诞生名菜"灯影牛肉"。

　　此道冷吃牛肉在传统工艺上改良，同时选用了三种辣椒，一是新一代干辣椒以增加红亮度，二是印度辣椒增加辣度，三是皱椒增加香度，成菜后香气、辣感的层次鲜明、丰富，让色泽更红亮，香气更丰厚，滋味更细致。

▌食材·调料

牛霖肉 3.5 千克，二荆条辣椒节 20 克，干红花椒粒 40 克，月桂叶 2 克，八角 6 克，山奈 10 克，桂皮 5 克，小茴香 5 克，大葱 70 克，生姜 40 克，香菜 50 克，白蔻 7 克，清水 4.5 千克

新一代干辣椒丝 120 克，印度辣椒丝 50 克，皱椒辣椒粉 90 克（见 P057），干青花椒粒 30 克，带皮白芝麻 100 克，生姜丝 120 克，孜然粒 10 克，白酒 25 克，鸡精 40 克，味精 25 克，胡椒粉 10 克，川盐 10 克，十三香 15 克，青花椒粉 10 克，黎红花椒油 60 克，辣鲜露 50 克，老抽酱油 15 克，色拉油 2500 克，清水 250 克

▌烹调流程

1. 将牛霖肉顺筋切成大块，入沸水锅中氽水后备用。

2. 将牛霖肉入高压锅内加清水 4.5 千克，加入二荆条辣椒节、10 克干红花椒、月桂叶、八角、山奈、桂皮、小茴香、大葱、生姜、香菜、白蔻调味，大火烧沸转小火压 15 分钟，焖 2 小时。

3. 将焖煮好的牛霖肉顺肉纤维切成筷子头粗粗的二粗丝备用。

4. 锅内放入清水烧热至 40℃，放入干辣椒丝、印度椒丝氽水后，再捞出沥干水分放入干净盆里；另取净锅烧干，放入色拉油 500 克，中火烧至 40℃关火，将烧热的油倒入氽过水的干辣椒丝盆中浸泡。

5. 锅中再下色拉油 500 克，大火烧热至五成多（约 160℃）后关火，下干青、红花椒各 30 克，炸出香后随即倒入干辣椒丝的油盆中。

6. 再下色拉油 500 克入锅，中大火烧至近七成热（约 200℃），放入带皮的白芝麻炸出香，再放生姜丝一同炸香，接着倒入干辣椒丝的油盆中。

7. 锅中加入色拉油 1000 克，大火烧至六成热，把切好的牛霖肉丝倒入油锅中，炸外表干香。

8. 接着倒入油盆中所有的辣椒丝和油，再加入白酒、十三香、孜然粒、青花椒粉、老抽、辣鲜露一起炒，以提香调色。

9. 上色出香后，加清水 250 克、鸡精、味精、胡椒粉、川盐，小火翻炒，收至无水分时放入皱椒辣椒粉、黎红花椒油，翻匀即可出锅成菜。

▌大厨秘诀

1. 原料最好选用牛霖肉，因牛霖块大、筋少、成形，成菜后肉丝不容易碎。

2. 以高压锅压煮牛霖肉要掌握少压多闷的烹调技法，也就是压煮时间短，不开压力锅直接静置闷制，直到牛霖的汤汁在锅中凉透，让牛霖可以完全浸泡在汤汁中吸收水分，成菜后牛霖肉的口感才显得滋润。

3. 牛霖肉最好顺着筋纤维切成小条。如果横着纤维切成菜后容易碎，嚼劲不足，也影响成菜美观。

4. 辣椒丝先用温水煮一下的目的在避免炸收牛肉丝时油温过高而将辣椒丝炒焦煳，进而影响成菜的颜色及成菜的口味。

新疆石河子戈壁滩上，农民正翻晒辣椒。

006

冷吃兔

色泽红亮，干香麻辣，刺激过瘾

【川辣方程式】 魔鬼干辣椒＋新一代干辣椒＋春制辣椒粉＋麻辣味＋炸收

成都、川西地区偏好吃兔肉是有历史原因的，话说计划经济时代，成都北部市郊及德阳市的区域规划为兔子主养殖区，以毛皮赚取外汇，那剩下的兔肉怎办？自然是进入川西多数的市场，在肉品资源匮乏的年代，兔肉弥补了一大缺口，也养成川西人食用兔肉的习惯，至今成为兔肉消费的冠军。透过炸收烹制的菜品可存放较长时间，自然成为兔肉过剩时的首选工艺。此菜的麻辣味加入魔鬼辣椒，成菜滋味不仅浓郁，也更加过瘾。

▌食材·调料

去皮鲜兔 2.5 千克，川盐 30 克，料酒 200 克，生姜米 40 克，大葱段 8 克，洋葱丝 55 克，魔鬼干辣椒 60 克，新一代干辣椒 120 克，姜片 120 克，青干花椒 30 克，红干花椒 30 克，味精 25 克，鸡精 40 克，白酒 30 克，海天老抽 15 克，胡椒粉 15 克，十三香 20 克，春制辣椒粉 90 克，越西花椒粉 10 克，色拉油 2500 克，花椒油 60 克，香油 50 克，红油辣椒 500 克（见 P061 页）

▌烹调流程

1. 将宰杀好后的去皮鲜兔洗净，宰成指甲大小的丁状后，用流动的水冲净血水，沥干水分备用。

2. 取一合适的盆，放入沥干的兔丁肉，加入川盐 30 克、料酒 200 克、生姜米 40 克、大葱段 80 克、洋葱丝 55 克，全部拌匀后静置，腌 30 分钟。

3. 取一锅加入 75℃热水适量，放入魔鬼干辣椒、新一代干辣椒、干青花椒、干红花椒浸泡，泡透后沥干备用。

4. 色拉油 250 克下入锅中，中大火烧热至六成热，下姜片 120 克，炸干香至金黄，捞出备用。

5. 转小火，再下入 1/4 泡水泡透的青花椒、红花椒、魔鬼干辣椒、新一代干辣椒炸香。

6. 倒入色拉油 2250 克，大火烧热至六成热，放入腌好的兔丁，翻炒至兔丁断生，放入泡透的辣椒、花椒，加入炸好的姜片及白酒、海天老抽，再继续翻炒至干香，接着放入味精、鸡精、胡椒粉、十三香、花椒粉、辣椒粉调味翻炒入味。

7. 起锅前放入花椒油、香油、自制红油翻炒均匀即成。

▌大厨秘诀

1. 兔肉要冲洗干净，确保白嫩、无血块，成菜色泽才匀称、红亮，否则成菜有黑块，影响成菜色泽。

2. 剁成块后的兔肉务必用流动水漂洗至无血水，成菜后颜色才够均匀、红亮，还可以去除部分草腥味。

3. 花椒、辣椒须先用热水泡涨后沥干水分再炒，目的是减缓辣椒、花椒在锅中与兔肉一起翻炒时，温度过高而焦黑的速度，以免影响成菜的香气、色泽和口感。

"吃"是川人的大事，必与"耍"相伴，稍有规模的一定附带茶馆、麻将，吃耍一条龙可说是四川餐饮的一大特色。四川酒楼附设的茶馆。

007

麻辣牛肉干

色泽红亮，干香麻辣爽口

【川辣方程式】 舂制辣椒粉＋红油辣椒＋麻辣味＋炸收

　　川式牛肉干多是炸收制成，通过减少食材中的水分及较重的调味以增加储存时间，早期是为解决鲜肉无法久放的问题，今日因其干香麻辣、爽口有嚼劲的特点，成了许多人最爱的休闲食品。

　　麻辣牛肉干要好吃，关键在收汁，汁没收干或收得太快则不入味，味也不厚，还可能让辣椒粉、花椒粉等香辛料焦煳而不香并发苦；汁收得太干则口感硬而顶牙，滋味没层次；收得太久则口感发绵，味虽厚却不香。

自贡最大井盐生产中心，目前仍留存许多的汲盐卤天车及相关设施，其中燊海井是保护最完善的。图为燊海井煮盐作坊一景。

▌食材·调料

白卤牛肉（见P288）400克，二粗舂制辣椒粉（见P057）30克，花椒粉3克，生姜15克，葱段50克，川盐3克，白糖5克，味精2克，料酒10克，熟芝麻10克，芝麻油10克，红油辣椒（见P061）100克，色拉油1000克（实耗100克），清水500克

▌烹调流程

1. 将卤牛肉切成长5厘米、粗0.8厘米的长条备用。

2. 色拉油入锅大火烧至六成热时，放入熟牛肉条炸至外表酥香时捞出，沥去余油，锅内留色拉油约100克，放入姜（拍破）、葱段炒香，加入清水烧沸。

3. 再放入料酒、白糖、川盐和炸制的牛肉条，改用小火慢慢收汁，待水分快收干时加入辣椒粉、花椒粉、味精、芝麻油调味。

4. 收至滋润亮油时，再撒芝麻拌匀，拣去姜、葱不用，再加入红油辣椒拌匀，浸泡12小时以后即可。

▌大厨秘诀

1. 清水可换成白卤牛肉的卤汤汁，牛肉干收汁后香味更浓，颜色会稍浊。

2. 最好选用牛霖肉做牛肉干，口感较为细腻。刀工处理时，最好顺着牛肉的筋络切成条状，切忌横筋络切条，否则成菜牛肉干容易碎而不成形。

3. 炸制牛肉干时油温不能过高，也不能炸得太久，否则牛肉干成菜后容易顶牙影响口感的滋润。宜浸炸才能使牛肉干成菜干香滋润。

008

干煸里脊丝

入口干香，麻辣味厚重

【川辣方程式】 七星干辣椒＋麻辣味＋煸

干煸菜属于火工菜，川菜行业称"火中取宝"！这里选用椒香味浓、辣味足的七星干辣椒入菜，确保短时间炒制就能得到足够的煳香与辣度。

干煸过程中火候的掌控是口感及调味、香辣味能否充分渗入猪肉丝的关键，口干偏软、偏硬，不干香、不入味，都是火候的问题。

重庆石柱县重点发展辣椒种植产业 20 年，成功打造出"石柱红"辣椒品牌，目前种植规模已超过30 万亩。图为石柱县城的廊桥及农贸市场展售的石柱红辣椒。

▌食材·调料

猪里脊肉 350 克，冬笋 75 克，七星干辣椒 6 克，大葱 15 克，料酒 15 克，酱油 10 克，川盐 3 克，味精 1 克，白糖 2 克，干红花椒粉 2 克，红花椒油 15 克，芝麻油 15 克，色拉油 125 克

▌烹调流程

1. 将猪里脊肉切成约长 10 厘米、0.4 厘米粗的丝；冬笋切为长 6 厘米、0.2 厘米粗的丝；七星干辣椒去籽切成细丝；大葱切细丝。

2. 炒锅置中火上，放色拉油烧至四成热。先放入干辣椒丝，炒香并呈棕红色后捞出。

3. 接着下入猪里脊丝，煸干水分后加入料酒、川盐、酱油、冬笋丝继续煸炒至干香。

4. 加入步骤 2 炒香的干辣椒丝及味精、白糖、干红花椒粉、葱丝、芝麻油、红花椒油，炒匀起锅即成。

▌大厨秘诀

1. 里脊肉刀工处理时应切成粗细均匀的粗丝状，是保证成菜外形美观的关键一步。但是不能码味上浆，否则成菜口感不够干香。

2. 里脊肉丝要待水分煸干至香后再放料酒、酱油等调味，容易入味又不影响成菜口感的干香度，若是先加调味料后再继续煸炒，容易出现焦味而影响成菜口味。

3. 掌握好炒香干辣椒丝时的油温、火候及炒制时间，切忌炒焦、发黑，否则影响成菜的口感、色泽。

4. 大葱最好选用葱白切二粗丝，可以不下锅，装盘后撒在菜上。

四川大菜多是粗菜细做，这也是川菜的一大特色。因地处内陆，食材的种类相对少，如何利用工艺变化和有限的食材种类做出让人印象深刻的菜品成了川厨最大的能力！此菜就是一例，将鸡块炸得酥香后蘸味碟就只能是一道家常小菜；鸡块变鸡肉串，盘子变花盆，加上食材的妆点，一道意境高雅、盆景般的菜肴立刻成为席宴上的焦点！

009

盆景翠花鸡串

造型逼真高雅，外酥内嫩，孜然麻辣味浓厚

【川辣方程式】 辣椒粉＋孜然麻辣味＋炸

邻近青羊宫的百花潭公园得利于不是景区，相对闲适，十分受成都人的喜爱。

▌食材·调料

鸡脯肉 200 克，青笋 50 克，鸡蛋一个，面包粉 50 克，竹扦 10 根，蒜苗 75 克，辣椒粉 25 克，花椒粉 3 克，料酒 10 克，川盐 3 克，孜然粉 5 克，生姜 10 克，大葱 10 克，色拉油 1000 克（约耗 50 克），干净花盆 1 个

▌烹调流程

1. 将鸡脯肉用刀片成 0.3 厘米的薄片，再于鸡片上用刀划上十字花刀。

2. 鸡肉片放入大碗中，下入料酒、川盐、生姜（拍破）、大葱、辣椒粉、花椒粉、孜然粉拌匀，静置 10 分钟使其入味。

3. 将鸡片逐个缠在竹扦上，用手捏紧成橄榄状的鸡肉串，然后将鸡蛋磕入深盘中搅散，面包粉置于平盘上，取鸡串依次裹上一层蛋液，再蘸裹一层面包粉，置于盘中备用。

4. 将青笋削成兰花形，用清水浸泡待用。

5. 锅内放色拉油，大火烧热至五成多（约 160℃），放入鸡肉串，炸至呈金黄色且熟后，捞出沥干油。

6. 取青笋兰花，从竹扦另一端穿入至鸡肉串下即成翠花鸡串。另将蒜苗修成兰草状，插入花盆，再将鸡肉串逐个插入花盆内即成。

▌大厨秘诀

1. 鸡脯肉必须用刀划成花纹状，缠裹在竹扦时用手捏紧，否则成菜不入味、蘸裹的面包粉容易脱落而影响成菜美感。

2. 炸制鸡肉串时油温不宜过低或太高，以免影响成菜色泽口感。油温太低炸鸡肉串外表不脆、面包粉易脱落、鸡肉内部容易渗入大量的油脂。油温太高容易将鸡肉串炸焦、成菜色泽容易发黑。

3. 可用圆白菜丝或其他蔬菜丝垫底，便于插鸡串。

010

宫保鸡丁

肉质滑嫩，色泽棕红，煳辣荔枝味浓郁

【川辣方程式】 二荆条干辣椒＋南路红花椒＋煳辣荔枝味＋炒

　　单锅小炒是川菜最具特色的烹饪手法，强调急火短炒、一次调味、不过油、一锅成菜，此道宫保鸡丁就是川菜中极具代表性的单锅小炒菜品。烹饪前应将主辅料和所需调味料全放入一碗中搅匀而成的滋汁备妥，才能在急火短炒的瞬间一次性调味，成菜滋味较依序调入调料更有融合感，体现川菜另一特色，即滋味融合的复合味感。

▌食材・调料

鸡脯肉 150 克，酥花仁 50 克，二荆条干辣椒节 10 克，南路红花椒粒 1 克，川盐 3 克，白糖 15 克，保宁醋（或陈醋）20 克，酱油 10 克，味精 2 克，水淀粉 35 克，鲜汤 35 克，姜片 5 克，蒜片 5 克，大葱丁 15 克，色拉油 100 克，料酒 10 克

▌烹调流程

1. 鸡脯肉切成 1.5 厘米厚的片，用刀在鸡脯肉表面划上十字花刀后，再切成 1.5 厘米大小的丁，用料酒、川盐 1 克、酱油、水淀粉码味拌匀上浆待用。

2. 将料酒、川盐 2 克、味精、白糖、陈醋、酱油、水淀粉、鲜汤兑成酸甜咸鲜的味汁（又称"滋汁"）。

3. 锅内烧热炙锅，放色拉油大火烧至五成热，下入二荆条干辣椒节、红花椒粒炒香、变棕红色，下姜片、蒜片、大葱丁炒香后放入码好味的鸡丁，炒散炒匀成粒。

4. 鸡丁炒熟后倒入味汁，簸转翻匀，味汁收稠后放入酥花仁，翻匀即成。

▌大厨秘诀

1. 在鸡脯肉表面划花刀要均匀并大小一致，是保证成菜外形美观的必要条件。

2. 酱油可选用四川中坝甜红酱油给鸡脯肉丁上色，成菜棕红色效果更佳。

3. 干辣椒节、花椒需用五成多的油温（约 160℃）快速炒成棕红色并喷香的最佳状态，最忌炒煳，炒焦变黑香气消失并影响成菜色泽及风味。

丁宝桢的故乡为贵州毕节市织金县，而毕节市大方县恰好为鸡爪椒著名产地，每到产季常见农民背着鸡爪椒到农贸市场销售。

【香辣小知识】据传，宫保鸡丁为清朝光绪年间四川总督丁宝桢（生于贵州）为招待客人，指导家厨烹煮带家乡味的鸡肴而创。后丁宝桢被封为东宫少保，又被尊称"丁宫保"，这道菜因而又称为"宫保鸡丁"。

　　因宫保鸡丁一菜太有名，除四川外，丁宝桢的出生地贵州，任过官职的山东，也都有以"宫保"为名的鸡肴。

011
经典煳辣鸡丁

入口滑嫩，煳辣味浓厚

【川辣方程式】 二荆条干辣椒＋舂制辣椒粉＋煳辣荔枝味＋炒

相较于宫保鸡丁，此菜品除煳辣味必用的二荆条干辣椒节以外，增加了舂制辣椒粉，让成菜有更强烈的煳辣层次，整体滋味在小甜酸的爽口之余增添了过瘾的味感。烹制此菜务必运用川菜特色工艺"单锅小炒"，急火短炒、一锅成菜的操作手法方能让成菜滋味融合又层次分明。

▌食材·调料

鸡脯肉 250 克，咸红酱油 20 克，保宁醋 15 克，二荆条干辣椒 7 克，舂制辣椒粉 2 克，干红花椒粒约 3 克，白糖 15 克，大葱段 15 克，姜片 5 克，蒜片 5 克，料酒 10 克，味精 1 克，水淀粉 15 克，川盐 2 克，鲜汤 15 克，混合油 125 克（见 P125）

▌烹调流程

1. 将鸡脯肉用刀拍松后，划上 0.1 厘米的十字花刀，再切成约 1.5 厘米见方的丁。加川盐、料酒 5 克、水淀粉 10 克拌和，码匀。

2. 取一碗放入白糖、保宁醋、咸红酱油、味精，加鲜汤和水淀粉 5 克兑成芡汁（俗称"滋汁"）。

3. 炒锅在旺火上炙好后，下混合油烧至六成热，将干辣椒节下锅快速炒成棕红色时，再下入干红花椒粒，同时下鸡丁炒至散籽发白时，烹入料酒 5 克，同时将辣椒粉、姜片、蒜片、大葱段下锅快速炒转。烹入芡汁簸转炒匀起锅即成。

▌大厨秘诀

1. 主料须选用仔公鸡鸡脯肉为最佳，冻鸡脯肉质量次之。如果选用仔公鸡的鸡腿去大骨为主料，成菜口感会更加滑爽、有劲。

2. 掌握干辣椒节、辣椒粉、干红花椒粒，下锅的火候、时间控制，切忌炒焦而影响成菜的香气和滋味。

第四篇

干辣椒·香辣不燥

成都合江亭，紧邻著名的水井坊酒窖遗址，曾是著名的水码头。

012
传统炝锅鱼

色泽红亮，细嫩鲜香，味辣而浓

【川辣方程式】 二荆条干辣椒＋郫县豆瓣酱＋香辣味＋干烧

据说此菜是 1958 年，当时的中央领导巡视四川都江堰时，川西名厨张金良所改良烹制的一道辣味鱼肴，后来更收入四川名菜肴中。

炝锅的传统手法是先将辣椒炝出香气，再搭配烧制，使鱼入味，相较于干烧鱼工艺，炝锅鱼的香气特别浓郁，先炸后烧更能维持全鱼的形态完整又不失细嫩。

新疆地广人稀，规模化种植辣椒，并使用大型机器采收。图为石河子的辣椒基地，实地的感受让人十分震撼。

▌食材 · 调料

理净鲜鲤鱼一条约500克，姜末25克，蒜末15克，葱花50克，混合油1000克（菜籽油和化猪油各一半，约耗150克），二荆条干辣椒50克，郫县豆瓣酱10克，川盐5克，酱油15克，味精5克，白糖3克，料酒40克，高汤250克

▌烹调流程

1. 用刀在理净鲜鲤鱼身两面斜划 7~8 刀，取川盐3克、料酒20克于鱼身内外码匀，待用。郫县豆瓣酱剁细。

2. 锅置旺火上，放入混合油烧至七成热后。将鲤鱼入油锅中炸至金黄色捞起，沥去炸油，备用。

3. 锅内留混合油125克，将干辣椒炸成棕红色、酥脆时捞出，铡碎成刀口辣椒待用。

4. 将锅中炸辣椒的油再烧至六成热，下郫县豆瓣酱、姜末、蒜末炒出香味。

5. 加入高汤小火烧沸，入炸好的鲤鱼，同时放入川盐2克、料酒、酱油、白糖、味精烧至鱼两面入味，汁浓稠时加葱花，汁干时加入刀口辣椒，簸匀出锅装盘即成。

▌大厨秘诀

1. 鱼最好要选用鲜活的鲤鱼，亦可选用草鱼、鳜鱼等。鱼的大小控制在 1000 克以内（理净后约500~700克），太大不易入味，烧制过程中不方便翻锅，容易将鱼肉翻碎而使成菜外形破坏美观；鱼太小鱼肉较少，食用时感觉刺多肉少。

2. 炸鱼时的油温不宜过低，不应低于七成热。要求大火、高油温快速将鱼肉表面炸至金黄、干香、酥脆。保持外酥内嫩、快速锁住鱼肉的水分不流失，保证鱼肉的鲜度。

3. 刀口椒不宜铡得太细，碎米粒状即可。太细的刀口辣椒在烧制过程中容易令汤汁变得黏稠，影响出品效果和食欲。

013

新派炝锅鱼

外酥内嫩，香辣可口

【川辣方程式】 皱皮干辣椒＋郫县豆瓣酱＋香辣味＋炝＋炒

　　在商业化的潮流下，传统炝锅鱼虽然香气突出、滋味醇厚，但烧的时间长，出菜速度慢，加上成菜造型过于朴素，已不适合多数酒楼的快速出菜要求，于是新派的炝锅法应运而生，采用炸得酥香热烫的鱼块下入卤水炝的方式取代烧的程序，盖上炒得酥脆、香气足而大量的皱皮干辣椒粗粉，干香味更加突出，成菜造型也变得大气。

新疆库尔勒特产"香梨"，靠近就能闻到浓郁的梨香，质地细腻、甜而多汁。

▌食材·调料

草鱼 750 克，皱皮干辣椒粗末 150 克，郫县豆瓣酱 15 克，姜末 15 克，蒜末 20 克，白芝麻 20 克，小葱花 20 克，香菜 15 克，花椒粉 3 克，孜然粉 5 克，川盐 10 克，鸡精 10 克，白糖 3 克，料酒 20 克，胡椒粉 1 克，芝麻油 20 克，花椒油 15 克，纯炼制老油 50 克，炝锅汤汁一锅（见 P287），色拉油 2000 克（约耗 100 克）

▌烹调流程

1. 将草鱼宰杀处理干净，斜刀切成小块，用川盐 6 克、料酒 20 克、胡椒粉码味 3 分钟备用。

2. 炒锅入色拉油大火烧至八成热时，下码味后的鱼块炸至外酥里嫩出锅，放入保持微沸的炝锅汤汁中冒三下，出锅装盘，点缀香菜 15 克。

3. 炒锅入纯炼制老油 50 克中火烧至五成热，下白芝麻爆香后再下郫县豆瓣酱、姜末、蒜末炒红炒香，放入皱皮干辣椒粗末、川盐 4 克，中火炒至酥脆，调入花椒粉、孜然粉、鸡精、白糖、芝麻油、花椒油炒匀，出锅盖在鱼肉上面，点缀小葱花成菜。

▌大厨秘诀

1. 鱼宰杀刀工处理干净以后，需要一次性将川盐的底味码足，否则成菜有盐无味。

2. 刀工处理时，鱼块大小均匀是鱼块入油锅炸制后保持颜色均匀的关键，成菜更加美观。

3. 皱皮辣椒用绞肉机绞成粗颗粒的末，太细入锅易炒焦，太粗影响成菜美观，还不易出辣味。

4. 辣椒入锅炒制时一定要将煳辣香味炒出来、炒酥脆，否则影响成菜炝锅的香辣口感。

014

水煮牦牛肉

色泽红亮，麻辣鲜香，肉质滑嫩

【川辣方程式】 刀口椒＋郫县豆瓣酱＋麻辣味＋煮

　　牦牛，又称作牦牛、犏牛，主要分布于海拔3000米以上的高寒、无污染的青藏高原，采用逐水草而居的半野生放牧方式，原始自然的生长过程让牦牛肉肉味十足且色鲜、味美、多汁，颇有"野味"特点，作为川菜中麻辣味最厚重的水煮菜主食材，在厚重的滋味中有着鲜浓多汁的肉味，可以说是非常完美。

▌食材·调料

牦牛肉 200 克，芹菜 150 克，蒜苗 150 克，青笋 150 克，刀口椒 45 克（见 P060），蒜末 20 克，姜末 15 克，郫县豆瓣酱 25 克，淀粉 5 克，水淀粉 40 克，料酒 15 克，鲜汤 400 克，味精 3 克，川盐 3 克，菜籽油 250 克，白糖 2 克，陈醋 5 克，生抽 10 克，葱花 5 克

▌烹调流程

1. 牦牛肉切成的约 1.5 毫米厚的薄片，用料酒、川盐 1 克、淀粉码匀。

2. 芹菜、蒜苗、青笋分别切成寸节。郫县豆瓣酱剁成细末。

3. 锅内放菜籽油 30 克，以中大火将青笋、蒜苗、芹菜炒至断生后盛入窝盘内垫底。

4. 炒锅另放菜籽油 70 克，大火烧至六成热。下剁细郫县豆瓣酱炒香出色，再下入姜蒜末炒香后掺入鲜汤烧沸。

5. 放入川盐 2 克、味精、白糖、生抽、陈醋调味，再下牦牛肉片至锅中煮熟，接着用水淀粉勾芡收浓汤汁即可舀入窝盘中的垫底菜上。

6. 于菜品上撒刀口椒、葱花。锅内另下菜籽油 150 克大火烧至近七成热（约 200℃），出锅淋在刀口椒上即成。

▌大厨秘诀

1. 牛肉应选用牦牛后腿肉或里脊肉为原料。筋少肉厚而细嫩，成菜口感好。牛肉切好码味上浆拌匀后，静置的时间适当长一点，成菜口感更细嫩。

2. 炒制刀口椒时，红花椒的比例应重一些，成菜麻香味得更加浓厚。

3. 起锅前用水淀粉收的芡汁应浓稠一点，成菜后牛肉入味得更加厚重。

4. 最后加热激香的热油油温不宜过高，以免烫煳刀口椒影响成菜的口感。油温过低则不能激发刀口椒的辣椒、花椒香味而影响成菜的麻辣鲜香风味。

位于四川阿坝州的若尔盖草原总面积约 5.3 万平方公里，海拔 3300~3600 米，是牦牛的主要畜牧区，这里的草原上有著名的墨洼牦牛品种。

【香辣小知识】牦牛与北极熊、南极企鹅被称为"世界三大高寒动物"，牦牛肉与一般牛肉的主要差异如下：牦牛肉的脂肪呈白色或乳黄色，其分布相较于黄牛肉来说明显偏少，因此颜色通常是透着肉色而呈褐红色，若是暗红或青红则多半有问题，且腥味并不会特别浓。其次，相较于一般牛肉，牦牛肉的纤维较长，结构粗且紧凑。

015
热味姜汁鸡

酸香带辣，色红味辣，热吃尤佳，宜于下酒

【川辣方程式】红油辣椒＋姜汁味＋烧

此菜又名姜汁热窝鸡，是姜汁味的代表，而"热窝"一名是取姜汁的辛热可以热心窝之意。今日多只用姜片或姜块，因此姜香味不够浓厚。顾名思义，这道菜必须用姜汁入菜，烧后才有足够的姜辛味又不至于整盘只见姜不见肉，欠缺美感。调味上搭配香辣红油，让口感在辛与辣之间产生层次，也增添香味层次。

四川洪雅瓦屋山雪景。历史上瓦屋山曾为道教圣地，并与峨嵋山齐名。

▌食材·调料

去骨熟公鸡腿肉500克，菜籽油35克，鲜汤250克，姜汁20克，川盐2克，葱花15克，酱油17克，陈醋20克，红油辣椒35克，水淀粉10克

▌烹调流程

1. 将去骨熟公鸡肉宰成2.5厘米的块。

2. 炒锅置于旺火上，放菜籽油烧至六成热，放入鸡块、姜汁煸炒约3分钟，再加川盐、酱油、鲜汤，用锅盖盖住后，转小火焖烧约5分钟。

3. 焖烧入味后加入葱花，下水淀粉勾芡收汁，随即加陈醋，淋入红油辣椒拌匀，出锅即成。

▌大厨秘诀

1. 宜选用熟土公鸡肉为原料，鸡腿肉口感最佳。制作过程中也可以加入青笋滚刀块一同烧制成菜。

2. 用水淀粉勾芡时应勾成较浓稠的芡汁，成菜入口味较厚，否则芡汁过稀成菜味感较寡淡。

3. 红油辣椒要起锅时再加入，成菜才会亮汁亮油，色泽更加红亮。提前将红油辣椒加入鸡肉中同时烧，成菜会变得黏糊，视觉不佳影响食欲。

4. "姜汁"是用老生姜去外表粗皮、拍破后舂蓉，再用干净纱布包上，挤出的汁水。也可以直接加入姜末，但口感较差。

016

宫保大虾

色泽棕红，甜酸可口，酥口带劲

【川辣方程式】 贵州子弹头干辣椒＋煳辣荔枝味＋炸＋炒

　　甜酸味估计是全世界都能接受并喜爱的滋味，因此煳辣小甜酸味的宫保系列菜总是受到大家的追捧，然而看似简单却是难以做到精妙，首先是煳香味的掌控，选用甜香味鲜明的干辣椒是基本，入锅炒香时准确的在辣椒、花椒焦掉前的瞬间下入主、辅料，防止进一步焦化，让煳香味最大化。其次是糖醋比例，这比例会因醋的酸度不同而微调，加上入锅后的加热时间控制，都决定了成菜后的甜酸感效果。最佳效果就如味型之名"荔枝味"，必须如荔枝水果般的爽口甜酸感！

▌食材·调料

水晶虾仁 15 只，酥花生米 100 克，姜片 15 克，蒜片 15 克，大葱弹子 50 克，干红花椒粒 2 克，贵州子弹头干辣椒 15 克，鸡蛋清 1 个，川盐 4 克，白糖 25 克，陈醋 20 克，鸡精 10 克，味精 5 克，料酒 15 克，胡椒粉 1 克，酱油 2 克，淀粉 50 克，清水 15 克，色拉油 80 克

▌烹调流程

1. 水晶虾仁去虾线、洗净，纳入盆中，下入川盐 1 克、料酒 5 克、鸡蛋清、淀粉 40 克，码匀上浆备用。

2. 贵州子弹头干辣椒剪成两半去辣椒籽备用。

3. 将川盐 3 克、白糖、陈醋、鸡精、味精、料酒 10 克、胡椒粉、酱油、淀粉 10 克、清水 15 克入碗，搅拌均匀成味汁备用。

4. 锅入色拉油至七分满，大火烧至六成热，将均匀裹上浆糊的水晶虾仁逐一放入油锅中。炸至色泽金黄、熟透酥脆，捞出沥油备用。

5. 另起净锅入色拉油 80 克，入火烧至六成热，卜入十红花椒粒、贵州子弹头干辣椒爆香出味，再加入姜片、蒜片、大葱弹子炒香。

6. 随即烹入步骤 3 的味汁翻炒，芡汁浓稠时放入炸好的水晶虾仁、酥花生米炒匀出锅，装盘成菜。

▌大厨秘诀

1. 花生米用油酥或盐炒酥脆后，最好去掉花生仁的外衣。成菜更加美观漂亮。

2. 虾仁必须去干净虾线，否则成菜后影响口感。

3. 虾仁入油锅后先炸定形，再慢炸至酥脆。炒制过程中最好将芡汁在锅内收至浓稠后再放入炸好的虾仁，快速翻炒几下

出锅并立即享用，虾仁酥口带劲的口感较佳，成菜上桌时间一长，就没有酥脆的口感了。

4. 此味型的糖和醋比例需适当，太甜会感觉很腻，太酸则会压住原料的鲜味。

5. 煳辣荔枝味的独特香味主要靠油温控制，油温太低不能激发出辣椒、花椒的煳香味。油温太高则容易还没出香就将辣椒、花椒炒焦，甚至发黑、发苦，影响出品的口味。

成都青羊宫八卦亭。青羊宫被誉为"川西第一道观"，传说老子曾在此对其门徒尹喜讲授《道德经》。

017
贵州鸡

色泽红亮，家常味浓

【川辣方程式】 糍粑辣椒＋家常味＋溜炒

这是一道以贵州为名、重用糍粑辣椒的四川老菜，贵州可说是糍粑辣椒食用文化的发源地，此菜原型就是贵州的"辣子鸡"。

四川作为西南的经济中心的大量交流，加上清初的"湖广填四川"的大移民，因其都能吃辣，这道菜也在四川落了根，对于滋味偏好的差异，贵州辣子鸡的香辣味纯粹，口感厚实；四川贵州鸡则是香气突出，口感较滋润。

▌食材·调料

鸡脯肉 250 克，鸡蛋清 1 个，糍粑辣椒（见 P062）50 克，生姜片 10 克，蒜片 8 克，马耳朵葱白节 20 克，料酒 15 克，酱油 10 克，川盐 2 克，鲜汤 40 克，白糖 15 克，味精 2 克，淀粉 30 克，色拉油 500 克（约耗 100 克）

▌烹调流程

1. 将鸡脯肉片成 0.5 厘米厚的片，接着在鸡脯肉片的两面剞十字花刀，再改刀成 1.3 厘米左右见方的丁，置于盆中，调入川盐、料酒码味。

2. 鸡蛋清同淀粉一同放入碗中调成蛋清淀粉糊，将码入味的鸡丁放入蛋清淀粉糊拌匀待用。

3. 锅入色拉油大火烧至三成热，将裹上蛋清淀粉糊的鸡丁入油温锅中滑熟，捞出沥油、备用。

4. 锅内留色拉油 75 克左右，中大火烧至五成热，放姜片、蒜片、马耳朵葱白节、糍粑辣椒炒香。

5. 油色红亮时放料酒、川盐、白糖、味精、鲜汤、酱油炒匀，再将滑热的鸡丁倒入，翻转炒匀，起锅装盘即成。

▌大厨秘诀

1. 鸡脯肉的刀工处理不可切得过大、过厚，否则成菜不易入味也不易熟透，影响成菜滋味、口感。鸡肉码味不宜过咸，会掩盖鸡肉鲜香的本味。

2. 鸡蛋清淀粉糊不宜调制太稀，鸡脯肉挂不起糊；糊太稠不易滑熟，且成菜的口感不爽口。

3. 滑鸡丁时的油温不能过高，油温过高成菜后鸡肉口感不细嫩；油温过低，鸡肉入锅容易掉糊而影响成菜口感。

4. 糍粑辣椒入锅中一定要炒透，才能去除生辣椒味，否则成菜后辣椒香味不浓，影响成菜的风味特点。

贵州遵义市绥阳县是辣椒种植大县，以朝天椒类的小米辣椒、子弹头辣椒等品种为主。图为绥阳县黄杨镇的辣椒种植基地。

018

棒棒鸡

色泽红亮，肉质劲道，麻辣爽口

【川辣方程式】 新一代干辣椒＋红油＋红油辣椒渣＋红油麻辣味＋煮＋淋味

　　棒棒鸡原是一道名小吃，以片计价，源自川南雅安的荥经县，成名于乐山。菜名源自独特的刀工，能切出比斩切的更薄而带骨的鸡肉片，即一人持刀切肉至骨头处停下，另一人用棒槌敲击刀背，肉片薄就容易入味。且鸡肉组织没有因斩切的冲击而松弛，口感更有嚼头。现因刀工的独特性难以商业运作，棒棒鸡一名已成为特定红油麻辣味的代名词。

食材·调料

A 料：理净公鸡一只 2.5 千克，清水 10 千克，盐 50 克，白酒 10 克，鸡精 35 克，胡椒粉 5 克，大葱 100 克，姜片 50 克，干红花椒粒 3 克，新一代干辣椒节 5 克，栀子 2 个

B 料：鸡汤 160 克，味精 5 克，鸡精 3 克，川盐 3 克，白糖 3 克，红花椒粉 3 克，红油 120 克，红油辣椒渣 20 克，小葱花 10 克，方竹笋片 100 克

烹调流程

1. 将清水倒入汤桶，大火烧沸转中小火，下入 A 料中的盐、白酒、鸡精、胡椒粉、大葱、姜片、干红花椒粒、新一代干辣椒节、栀子调味。

2. 汤桶中下入处理干净的公鸡，盖上锅盖，小火焖煮约 40 分钟后熄火，让公鸡在汤桶中闷 30 分钟即可捞出，晾干水气至凉透，备用。

3. 另起一开水锅，下入 B 料中的方竹笋片煮透，捞出晾凉垫于碗底备用。

4. 将煮熟的鸡肉用刀斩成小一字型的厚片盖在方竹笋上。

5. 将 B 料中的味精、鸡精、川盐、白糖、红花椒粉、红油、红油辣椒渣置入碗中搅均匀，再放入鸡汤拌匀后淋在步骤 4 的鸡肉上，撒上小葱花成菜。

大厨秘诀

1. 棒棒鸡的原材料必须选用放养的跑山鸡，成菜肉香足、口感劲道。三黄鸡、仔公鸡、肉鸡的肉味较轻、口感不劲道。

2. 土公鸡的质地较老，小火焖煮至熟后在煮鸡的汤中闷的目的是入味并改变肉质，成菜口感才劲道而细腻。

3. 如果选用肉鸡为原料，煮的时间要短一些，约 25 分钟就够，避免肉质过软。

4. 调味时的花椒粉最好选用回味甘甜、麻香味浓厚、回口不带苦味的南路红花椒调味效果较佳。

5. 少煮多焖的煮鸡方式，是煮全鸡的基本工艺。煮鸡时加入栀子可以让煮熟的鸡皮色泽更加黄亮，增加食欲，成菜更加漂亮。

据说雅安市荥经县是棒棒鸡发源地，当地砂锅则是另一著名特产，制作工艺源自春秋战国至今未曾改变，已有 2500 多年历史，勘称工艺活化石。

酥辣江湖：辣椒与川菜

019

龙须鸡丝

色泽红亮，咸鲜回甜，酥香微辣

【川辣方程式】 红油辣椒＋红油味＋炸＋拌

对于川菜宴席来说，主人家一般不会指定凉菜，因而成了厨师展现自我个性的重要部分，加上可事前准备，于是凉菜的色、香、味、形、器等各方面都较热菜更有个性，工艺也更复杂，是让食客认识并记住厨师的重要渠道。

　　川菜宴席常见有六味碟、八味碟，多的有十二味碟、十六味碟、二十四味碟等，每一味碟都必须在色香味形上做出风格差异，十分考验厨师的厨艺。

成都春熙路商圈 IFS 广场的大熊猫装置艺术已成著名地标，吸引许多人拍照打卡。

▌食材·调料

鸡脯肉250克，红油辣椒（见P061）25克，川盐5克，白糖3克，味精3克，生姜5克，大葱10克，八角3克，山柰2克，桂皮2克，干红花椒粒1克，熟芝麻1克，料酒10克，小葱花2克，色拉油1000克（约耗50克）

▌烹调流程

1. 将鸡脯肉先汆一水，再放入净锅中加清水淹过鸡脯肉，大火烧沸转成小火，除去浮沫，加入生姜（拍破）、大葱节、料酒、川盐、八角、山柰、桂皮、干红花椒粒，煮至鸡脯肉全熟捞出晾凉。

2. 把鸡脯肉用手撕成细丝，用色拉油50克拌匀备用。

3. 将色拉油入锅大火烧至近八成热（约230℃）时，分次放入鸡丝，炸至鸡丝水分干后捞出沥干。

4. 将鸡丝控油（沥油）后加入红油辣椒、味精、白糖拌匀，撒上熟芝麻，再点缀小葱花即成。

▌大厨秘诀

1. 香料部分也必须先汆水煮2分钟，去除香料的水溶性色泽成分，以免影响鸡脯肉后期的成菜色泽。鸡脯肉先汆一水则是要去除血沫。

2. 鸡脯肉必须煮熟至煮透，否则手撕时不易成形。丝必须大小均匀，否则成菜后外形粗糙不够精致。

3. 炸鸡丝时的油温不宜太高、也不能炸得太干，否则太硬会影响成菜时的口感。适用高油温能快速退去鸡肉水分，让成菜色泽更显红亮。

4. 不宜久炸否则达不到成菜的特色。

020
红油刷把三丝

造型美观，入口脆爽，咸鲜微辣而回

【川辣方程式】 红油辣椒油＋红油味＋淋

　　红油辣椒香气突出，辣度轻、辣感柔和，是最经典川辣风格，对川人而言，吃辣的目的是丰富嗅觉、味觉感受，享受刺激后的愉悦。

　　此菜粗料细做，选择紧实、脆口、弹牙三种不同口感的食材捆成一口大小，口感丰富又方便食用，配上醇香、酸甜微辣的红油味汁，简单却又不简单！

成都市中心天府广场曾是明朝的蜀王府、清朝的贡院，有一个老名字叫"皇城坝"。

▌食材 · 调料

熟鸡脯肉100克，熟猪肚100克，去皮青笋50克，红油辣椒油（见P061）40克，白糖10克，酱油30克，川盐2克，味精2克，陈醋3克，蒜蓉8克，芝麻油10克，小葱叶5克

▌烹调流程

1. 将熟鸡脯肉、猪肚分别切成约8厘米左右长、0.3厘米粗的丝；青笋也切成同样长短的丝，用川盐1克码味后，沥干水分备用。小葱叶沸水烫软后撕成长条，备用。

2. 将鸡丝、猪肚丝、青笋丝，每一种丝取五六根合并在一起，用软小葱叶条捆成刷把状，分别摆放盘内。

3. 将辣椒油、白糖、川盐1克、酱油、味精、陈醋、蒜蓉、芝麻油调成红油味汁，淋在刷把三丝上即成。

▌大厨秘诀

1. 鸡脯肉、猪肚、青笋三种丝要切得粗细均匀，长短一致，成菜后才能体现做工精细。

2. 捆刷把状时三种丝比例要适当，相互衬托，体现成菜色泽的美观度。

3. 掌握好红油辣椒的制作，才能突出红油味独具的咸鲜微辣、回甜爽口的特色。

4. 青笋切丝后必须用盐先码味，去除青笋本身的涩味，以免影响成菜的口感；另外，用盐码味后的青笋不易变色发黄，因盐水能破坏青笋中容易氧化的多酚酶。

021

灯影苕片

入口酥脆，色泽红亮

【川辣方程式】 红油辣椒油＋红油味＋炸＋拌

知名的灯影系列菜品有灯影牛肉、灯影鱼片等，都是以刀工见长且工艺特殊，成菜的片张极薄且透光，"灯影"之名就是源于此。红苕（音同条，但川人念"杓"）为川人惯用的俗名，就是大家熟知的红红薯。在不缺大鱼大肉的今天，过去的充饥粮食红苕成了健康食材，利用刀工及调味，这一平凡食材展现出惊艳、诱人的色香味。

食材·调料

红苕 500 克，红油辣椒（见P061）20 克，川盐 10 克，白糖 3 克，芝麻油 10 克，色拉油 1000 克（约耗 40 克），盐水 500 克（清水 500 克，盐 2 克）

烹调流程

1. 红苕去皮，用刀修切成长 6~7 厘米，宽 4~5 厘米，厚度 4 厘米整齐的长方形块状，放入盐水浸泡 10 分钟后捞出，

2. 将泡过盐水的红苕块片成厚约 0.01 厘米的薄片，并将薄片泡入清水中备用。

3. 将色拉油入锅，大火烧至近七成热（约 200℃），将沥干水分的苕片分次下入油锅内，炸至呈棕红色且酥脆时，捞出沥干油。

4. 将辣椒油、川盐、白糖、芝麻油放入盆内调匀，再放入苕片拌匀即可。

大厨秘诀

1. 精选无虫眼、腐烂变质的红心红苕。用盐水浸泡红苕后，红苕稍软才便于将红苕片得极薄而不易破碎。

2. 片红苕片时须厚薄均匀且不能穿孔，片后应立即漂入清水中，冲去淀粉。

3. 炸制红苕片的原则是高温急炸上色、浸炸至熟、脆。油温过高，容易炸焦而影响成菜滋味、口感。油温过低，红苕片炸不出红亮的色泽与脆度。

4. 调味时也可加入花椒油，即成麻辣风味。

四川乡镇里的挂面作坊。

022
陈皮牛肉

色泽红亮，陈皮香浓，入口干香，麻辣味醇

【川辣方程式】 满天星干辣椒＋陈皮麻辣味＋炸收

　　许多刚接触川菜的朋友常将陈皮味误认为是不辣的味型，实际上川菜的陈皮味是一种麻辣味型！陈皮味在咸鲜味的基础上突出陈皮味的浓郁，麻辣鲜香则填满味蕾欲望，陈皮味要浓，但用量不宜过多，超过饱和点则回味带苦。这道经典的陈皮牛肉选用牛霖肉为主料，成菜口感更加细腻；选用辣味突出的满天星干辣椒带出麻辣主调，而红油辣椒油则增加醇厚香气与辣感层次变化。

■ 食材·调料

净牛霖肉 350 克，陈皮 15
克，满天星干辣椒节 20 克，
花椒 5 克，料酒 10 克，川
盐 5 克，白糖 20 克，味精 2
克，生姜 15 克，大葱节 20
克，芝麻油 10 克，红油辣
椒（见 P061）50 克，鲜汤
500 克，色拉油 1000 克（实
耗 100 克）

■ 烹调流程

1. 牛霖肉去筋，横着牛肉筋络切成厚约1.5毫米的片，用料酒、
川盐 3 克、生姜（拍破）、葱节码匀，腌 30 分钟入味。陈皮
用温热水泡涨，切成片。

2. 炒锅内放入色拉油 5 克小火烧热，下入白糖 20 克炒成褐色，
即成糖色，盛起待用。

3. 炒锅洗净，擦干，放入色拉油大火烧至六成热，下入牛肉
片炸至水分略干，捞出。锅内留色拉油 75 克，放入干辣椒、
花椒、陈皮炒香，掺入鲜汤烧沸，放料酒、川盐 2 克、糖色，
下入牛肉片，用小火收至汁干，放味精、红油辣椒翻匀即成。

■ 大厨秘诀

1. 牛肉经过油温炸制过后，在收汁过程中可加入四川醪糟汁
调味，口味更佳。

2. 牛霖肉筋少、肉嫩，又名"膝圆""和尚头"，为牛后腿股
骨至膝盖骨前和内外两侧部位的肉，此菜也可使用牛腱肉。

3. 选用满天星干辣椒，辣味足色泽红亮，也可按偏好替换辣
椒品种；干红花椒粒最好选用南路红花椒，如雅安汉源，凉
山州的越西、冕宁或甘孜州的九龙花椒，麻味持久、回口苦
味少。

4. 炸收过程中干辣椒、干花椒的香味一定要先炒出来，否则
成菜口味比较寡淡。

5. 收汁时一定选用小火慢慢将辣椒、花椒、陈皮的香味慢慢融
入到牛肉里面去。最忌讳大火收汁，会使成菜风味不够浓郁。

6. 牛肉在收汁过程中汤汁不宜收的过干，因过干成菜口感发
柴不够滋润；汤汁太多则成菜口感不够干香。

陕西省兴平县是著名的辣椒产地，主要品种为"七寸红"，以红艳、辣味浓而香出名。图为兴平辣椒及乡村风情。

023

相思牛肉粒

色泽红亮，入口酸甜，酥脆细腻

【川辣方程式】 香脆椒＋新一代干辣椒＋糖醋麻辣味＋炸收＋裹

　　这道妥妥的新派川菜以时下红火的辣椒休闲食品"香脆椒"入菜，使用糖醋味配合其香辣酥甜的滋味风格，成菜后酥香脆口又细腻滋润的口感让人难忘！

　　为让滋味能有鲜明麻辣风格，加入新一代干辣椒，补足香脆椒作为休闲食品而较弱的辣度与辣香，同时增添层次。

在四川，干鲜辣椒用量都大，省内的种植量基本不够用而出现鲜二荆条辣椒几乎都拿去做泡辣椒的现象，所以在辣椒产地会听到"种泡椒"的说法，意指种的主要是供作泡辣椒的品种。图为简阳的"泡椒"。

▌食材·调料

牛霖肉 500 克，香脆椒 500 克，姜片 10 克，大葱 20 克，川盐 8 克，味精 5 克，鸡精 10 克，胡椒粉 2 克，料酒 20 克，白糖 40 克，陈醋 50 克，红花椒粉 2 克，八角 5 克，月桂叶 5 克，干花椒 3 克，新一代干辣椒节 10 克，清水 2000 克

▌烹调流程

1. 将牛霖肉洗净放入锅中，加入清水大火烧沸后加入姜片、大葱、川盐、味精、鸡精、胡椒粉、料酒、八角、月桂叶、干花椒、新一代干辣椒节搅匀。

2. 转小火加盖，焖煮约 2 小时至熟而软糯，捞出晾凉备用。

3. 晾凉熟牛霖肉切成 1.5 厘米的方丁；香脆椒用刀口剁成细末后置于平盘中，备用。

4. 锅入色拉油至七分满，大火烧至近八成热（约230℃），下入切好的牛肉丁，炸至表面水分干且色泽微黄，捞出沥油备用。

5. 另取净锅，上小火，下入陈醋、白糖慢慢熬化至黏稠状，放入红花椒粉炒匀。关火后加入炸好的牛肉粒裹匀酱汁，出锅倒在香脆椒末上裹匀，即可装盘成菜。

▌大厨秘诀

1. 选无油、无筋的牛霖肉，成菜口感比较细腻、化渣。牛霖肉初加工是关键，必须用小火慢煮让牛肉熟至软烂，否则第二次加工炸制后，成菜会硬，影响成菜效果。

2. 控制炸牛肉的火力、温度、时间。大火高油温快速让牛肉收水定形，不宜久炸，否则牛肉成形后口感不够细腻。

3. 最后一道工序，糖和醋的比例要控制好，汁一定要熬至浓稠，否则后续步骤的香脆椒末不能均匀地裹在牛肉粒上。

024

辣子鸡

色泽红亮，麻辣干香，佐酒佳肴

【川辣方程式】 贵州子弹头干辣椒＋麻辣味＋炸＋炒

　　辣子鸡源自重庆歌乐山，也是江湖川菜的代表菜品之一，其特点在于拥有极高饱和度的辣香麻香及十分适口的辣度麻度，这要归功于香气突出的贵州子弹头干辣椒以及恰到好处的火候，花椒、辣椒量不足或是火候不对都会使得香气、辣度、辣感失去平衡，鸡丁滋味不饱满。虽然成菜后只能在辣椒花椒中找鸡丁吃，但炒香的辣椒、花椒不要浪费，可打成麻辣辣椒粉，用于蘸食或调味都十分过瘾、美味。

▋食材·调料

仔公鸡 500 克，干红花椒粒 5 克，贵州子弹头干辣椒 300 克，姜片 10 克，蒜片 10 克，大葱 15 克，川盐 7 克，味精 5 克，鸡精 10 克，白糖 2 克，料酒 15 克，芝麻油 15 克，熟白芝麻 3 克，色拉油 80 克

▋烹调流程

1. 将仔公鸡去掉大骨，剁成 1 厘米的小丁后纳入盆中，用川盐 4 克、料酒 10 克，拌匀码味 5 分钟；贵州子弹头干辣椒用剪刀破开成两瓣，去除辣椒籽，备用。

2. 锅倒入色拉油至七分满，上大火烧至七成热，逐一放入码好味的鸡肉，炸至金黄酥脆捞出沥油备用。

3. 另取净锅，入色拉油 80 克，中火烧至六成热，下入姜片、蒜片、大葱爆出香味。再放入干红花椒粒、贵州子弹头干辣椒节、炸好的鸡肉慢慢翻炒，炒至辣椒、花椒的颜色由浅变深、香味四溢，烹入料酒 5 克，继续翻炒。

4. 下入川盐 3 克、味精、鸡精、白糖、芝麻油调味，继续小火翻炒至干香出锅装盘，点缀白芝麻即可。

▋大厨秘诀

1. 辣子鸡食材最好选用仔公鸡，口感扎实而不干，也可以用鸡腿肉，但不能用鸡胸脯做辣子鸡，成菜口感干瘪发柴。

2. 第一次鸡肉码味时川盐的底味一定要充足，否则炒制过程中鸡肉不易入味。

3. 干辣椒必须破开去掉辣椒籽，否则成菜后到处可见辣椒籽在菜肴的表面，影响口感及食欲。

4. 炒制辣椒、花椒时最好用小火慢慢炒至干香，不能用大火快速成菜。大火炒出来的辣子鸡香味不足，成菜欠缺麻辣、干香特点的后劲。

重庆火锅红遍大江南北，但唯有重庆人能够完美的诠释。到了重庆，去一次南山火锅一条街就能感受到那霸气与文化底蕴。图为南山火锅风情。

025

张飞爱牛肉

入口飘香，麻辣味浓郁，牛肉软糯

【川辣方程式】新疆皱皮辣椒＋纯炼制老油＋刀口辣椒粉＋麻辣味＋炸＋炒

　　在贵州、云南、陕西都有将干辣椒油酥后直接当菜的特色佳肴，此菜借鉴这些特色菜的风格，加上牛肉干工艺逻辑，于是诞生了这道下酒好菜"张飞爱牛肉"，菜名则与南充阆中面黑心红的著名卤牛肉"张飞牛肉"有异曲同工之妙。

　　辣味的调制，除了整根且甜香味鲜明的新疆皱皮辣椒外，刀口辣椒强化了煳香味与辣感，纯炼制老油的丰厚滋味则让各种辣感有了柔顺的过渡，也增加了滋味的厚重感。

食材·调料

熟卤牛肉（见 P288）200 克，新疆皱皮辣椒 50 克，纯炼制老油（见 P062）50 克，带皮白芝麻 20 克，川盐 6 克，鸡精 8 克，味精 5 克，白糖 3 克，孜然粉 10 克，刀口辣椒粉（见 P060）15 克，淀粉 20 克，红花椒油 15 克，芝麻油 20 克，小葱花 10 克，色拉油适量

烹调流程

1. 将新疆皱皮辣椒用剪刀破开剪成粗条状的丝；熟牛肉切成筷子头粗、长约 6.5 厘米的条备用。

2. 净锅中下入色拉油至六分满，上大火烧至八成热，将牛肉条裹上一层淀粉后抖散，下入油锅中炸约 10 秒钟就捞出沥油，备用。

3. 另起净锅入纯炼制老油 50 克，中火烧至近八成热（约230℃），下入带皮白芝麻爆香，转小火后再放入新疆皱皮辣椒丝、川盐、刀口辣椒粉慢慢炒脆至香味出来。再放入步骤 2 炸好后的牛肉条、孜然粉、鸡精、味精、白糖、孜然粉同炒均匀。

4. 炒至牛肉条入味、干辣椒更脆时，放入芝麻油、红花椒油调味、翻匀装盘，撒上小葱花即可成菜。

大厨秘诀

1. 纵椒不可剪得过细，在锅内经不住中高油温煸炒，容易炒煳、发黑，影响成菜口感。

2. 牛肉最好选用牛腩或牛霖，牛后腿肉的口感嫩度较差。

3. 牛肉一定要卤的㧟糯，炸牛肉时的温度要高、炸的时间要短，久炸成菜的口感不嫩而干瘪。

4. 炒纵椒时火力不要太大，小火慢慢炒就可以。川盐必须加够，否则成菜辣椒的脆、香度较差。

阆中古城已有 2300 多年的建城历史，为古代巴蜀军事重镇。三国时期，张飞曾在阆中任巴西太守。

油酥小鱼儿

外酥里软，麻辣干香，佐酒伴侣

【川辣方程式】 麻辣辣椒粉＋麻辣味＋炸

岷江的支流锦江又名府南河，穿成都城而过的有二条主要支流，成都人习惯称靠北边的为府河，南边为南河。图为百花潭公园段的南河。

　　小鱼儿并非某一品种的鱼，而是泛指溪河中的各种小鱼，川话则昵称"猫猫鱼"，因早期野生鱼多，打到这种小鱼就权作猫食。

　　啃不出多少肉的小鱼，在炸得金黄后不需啃，整条入口是异常酥香，最佳状态是皮酥脆但肉还是嫩的，食用时搭配麻辣辣椒粉，鲜香麻辣俱足，让人停不下口。

▍食材·调料

小鱼儿 300 克，鸡蛋 1 个，地瓜粉 80 克，川盐 2 克，料酒 10 克，胡椒粉 1 克，菜籽油 500 克，特制麻辣辣椒粉（见 P058）30 克

▍烹调流程

1. 将小鱼儿宰杀处理干净，沥干后纳入盆中，加入鸡蛋、地瓜粉、川盐、料酒、胡椒粉码匀。

2. 锅上中火，下入菜籽油烧至七成热，将均匀裹上淀粉糊的小鱼儿逐一放入油锅中，炸熟捞出。

3. 待油温升至八成热时，再将炸熟的小鱼儿放入油锅中炸第二次。在油锅中不停地翻，炸至小鱼儿色泽均匀、金黄酥脆即可出锅沥油装盘，配上特制麻辣辣椒粉成菜。

▍大厨秘诀

1. 小鱼儿选料时应选择个头大小均匀、长短差不多。个头太大不易炸酥脆，每份没有几条，外观看起来显得分量比较少。

2. 小鱼儿上浆、码味后放置 5 分钟以后再炸，可以使鱼儿更加入味。

3. 炸小鱼儿时最好提前先将小鱼儿炸一遍至熟备用。出菜时高油温再炸第二次，小鱼儿的口感会更加酥脆，成菜速度也更快。

烹调流程

1. 黄心子土豆去皮后切成厚约 0.3 厘米的菱形片，用清水淘洗净淀粉质后，泡在清水中，备用。

2. 锅入色拉油，大火烧至近七成热（约 200℃），将切好后的土豆片沥干水分，入油锅中炸约 10 秒钟，出锅沥油备用。

3. 锅入菜籽油大火烧至近七成热（约 200℃），下干红花椒粒、子弹头干辣椒炝香。下入土豆片翻炒均匀，调入川盐、鸡精、味精、芝麻油、花椒油、小葱花炒匀即可出锅，装盘成菜。

大厨秘诀

1. 脆性黄心子土豆入高油温锅中快速浸炸几秒出锅，成菜口感更脆、缩短炒制时间。若是用开水氽烫，土豆片水分较重，成菜煳辣香味出不来，不够浓郁。

2. 干花椒、干辣椒入锅油温要高，炒的速度要快，才能炒出厚重的煳辣味即可。

027

香炝土豆片

煳辣香味浓郁，土豆入口脆爽

【川辣方程式】 子弹头干辣椒＋煳辣味＋炝炒

　　土豆又称洋芋、马铃薯，于明末传入中国，初期是因稀有而一度当作高档食材，因栽种、繁殖容易，产量大，很快就成了大众食材。土豆品种多，常见的有黄心子和白心子两种，黄心土豆去皮后色泽黄亮，质感比较脆，白心土豆淀粉含量较多，成菜口感较软。

　　以干辣椒炝炒的蔬菜菜肴，香气浓郁且保有原味及鲜味，一般不需要出辣味，是四川普遍的炒蔬菜工艺，因此干辣椒的选择以容易出香的为原则。在餐馆中，蔬菜还有两种炒法，即只有菜油的清炒，加蒜爆香的蒜炒。

食材·调料

黄心子土豆 500 克，红花椒粒 5 克，子弹头干辣椒 20 克，小葱花 10 克，川盐 3 克，味精 2 克，鸡精 2 克，芝麻油 3 克，花椒油 3 克，菜籽油 50 克，色拉油 1500 克（约耗 50 克）

凉山州属于云贵高原到四川盆地的过渡带，盛产滋润糯口的高山土豆。图为凉山州的高原土豆田。

太白鸡

色泽红亮，家常味浓郁

【川辣方程式】 新一代干辣椒＋泡二荆条辣椒＋糟香家常味＋干烧

此菜在家常味的基础上加入了泡辣椒与醪糟汁，成菜后若隐若现的酸香、酒香，有如微醺般的滋味，于是以好酒的诗仙李白之字"太白"做菜名，以甜香、酒香浓郁的醪糟汁调味是风格关键。另在辣椒的选择上，选用河南新一代干辣椒，个长、红亮、微辣；泡辣椒选用四川牧马山老坛泡二荆条，体型长、色泽红亮、皮薄肉厚实、香而不辣，体现滋味且成菜色泽更佳，炒制后的泡辣椒节可在成菜后捞出一些不用，成菜显得更清爽。

▋食材·调料

仔公鸡 450 克，新一代干辣椒 25 克，泡二荆条辣椒 25 克，料酒 15 克，干红花椒粒 1 克，生姜 15 克，葱节 15 克，糖色（见 P287）25 克，川盐 3 克，白糖 8 克，醪糟汁 15 克，胡椒粉 1 克，味精 2 克，芝麻油 10 克，鲜汤 350 克，色拉油 1000 克（约耗 100 克）

▋烹调流程

1. 将仔鸡斩成 4.5 厘米左右的块，新一代干辣椒、泡二荆条辣椒去蒂和籽，切成长约 5 厘米的节。

2. 色拉油入锅，大火烧至六成热，将鸡块过油后捞出，沥干油备用。

3. 锅中色拉油倒出做他用，留约 50 克油，转中火烧至五成热，放入新一代干辣椒节略炒至香，接着放泡二荆条辣椒节炒至油呈微红色，再放生姜（拍破）、葱节炒香后加鲜汤烧沸。

4. 放入过油的鸡块，调入料酒、糖色、川盐、白糖、醪糟汁，煮开后除去浮沫，改用小火慢烧。

5. 将红花椒粒用纱布包好，放入锅内一起烧至汁浓稠，鸡肉炽软时，拣出姜、葱、干红花椒粒包，另放胡椒粉、味精、芝麻油翻匀，收汁亮油即成。

▋大厨秘诀

1. 鸡块过油时油温不宜过高，炸制时间不宜过久，以免炸得太干而影响成菜口感。若油温过低、炸制时间不够，则鸡肉没有干香味。

2. 鸡块烧制时间宜用小火慢烧并防止烧焦，影响成菜口味。

3. 糖色不能过多，成菜颜色容易发黑；糖色过少成菜色泽不够红亮。

绵阳江油市的清风明月园是纪念李白的主题公园，图中高处为太白楼。

【香辣龙门阵】 一个关于"太白鸡"的传说。

故居在今四川省江油市青莲乡的李白曾游居万县友人家，一日酒会中李白喝得微醺，一时兴起，端着酒杯就到厨房向厨师敬酒，不慎将酒倒入未烹煮的鸡肉中，厨师将就烹煮成菜，一尝，鸡肉醇香之外还有淡淡酒香，大家齐口称赞！厨师道出原因，于是众人将此菜命为"太白鸡"。

029
七星椒兔丝

色泽红亮，入口干香，佐酒伴侣

【川辣方程式】 纯炼制老油＋细舂制辣椒粉＋七星椒丝＋麻辣味＋炸收

四川最著名的七星椒产地在自贡市威远县，因辣椒都是成簇向上长，多数是一簇七根辣椒，因此得名。七星椒的特点是色泽红亮、椒香味浓、辣度高而不酷，在江湖菜盛行的时期被广为使用，调制而成的麻辣味厚重过瘾、香气突出，让人印象深刻。

▌食材·调料

理净全兔 4 千克，纯炼制老油 500 克，色拉油 1250 克，带皮白芝麻 150 克，鸡精 200 克，味精 50 克，白糖 350 克，花椒粉 60 克，七星椒丝 70 克，细舂制辣椒粉 250 克，花椒油 50 克，芝麻油 50 克，川盐 100 克，大葱段 200 克，洋葱块 150 克，生姜片 150 克，料酒 100 克，清水 300 克

▌烹调流程

1. 将大葱段、洋葱块、生姜片、料酒、清水放入果汁机打成料汁，以棉布滤渣，于料汁中加入川盐拌匀，备用。

2. 将全兔用清水冲尽血水，沥水后至于大平盘上，均匀抹上步骤 1 的料汁，腌渍约 30 分钟至入味。

3. 将入味的全兔入蒸笼内大火蒸约 70 分钟至熟透，出笼晾干水分即可去大骨，将肉用手撕成筷子条状备用。

4. 将纯炼制老油、色拉油入锅，中火加热到近七成热（约 200℃），下入带皮白芝麻爆香，再加入熟兔丝小火慢慢炒散。

5. 调入鸡精、味精、白糖、花椒粉、细舂制辣椒粉调味炒匀。再加入七星椒丝，炒至七星椒丝变成红褐色时，加入花椒油、芝麻油后翻匀起锅，连油一起装于盆中。

6. 炒好的兔丝于盆中浸泡 12 小时后，根据出品的分量装盘，适当点缀即成。

位于川南的内江市威远县是著名的七星椒产地，其辣味突出而香，调制的鲜辣蘸碟配清炖羊肉汤，增香提鲜是一绝，但近十年人力外流与人力成本上涨，种植面积持续萎缩。图为威远新店镇的辣椒田。

▌大厨秘诀

1. 若能取得半成品的手撕兔，则可省略步骤 1 和 2，提高制作效率，仅需直接将手撕兔入蒸笼内大火蒸约 60 分钟，出笼晾干水分即可去大骨，撕成肉条。

2. 七星椒丝可以先用油略炸后捞起最后再加回锅中炒，既有足够的辣椒味，又能避免辣椒丝在锅中炒制时间长了而炒黑、炒焦。

3. 兔丝在锅中不宜炒得太干，因为出锅后油温还高，在浸泡过程中还会散失部分水分。如在锅内就将兔丝炸收的很干，再浸泡几小时至凉，兔丝的口感就不佳，会变得硬而顶牙。

030

麻辣花仁兔丁

色泽棕红，麻辣味厚，口感丰富

【川辣方程式】 豆豉辣酱＋红油辣椒＋麻辣味＋拌

　　此菜品与另一名菜"红油兔丁"做法相似，因调味而风格大不同，红油兔丁鲜香微辣而回甜，麻辣花仁兔丁是味厚而麻辣，可说是"一菜一格，百菜百味"的最佳写照。两道菜除花椒粉的有无，红油辣椒的使用也是滋味差异的关键，拌麻辣花仁兔丁是红油和红油辣椒渣一并使用。当拌红油兔丁时就只用"红油"，不用红油辣椒的辣椒渣。

▌食材·调料

鲜兔肉 250 克，酥花生仁 50 克，豆豉辣酱（见 P187）30 克，红油辣椒（见 P061）25 克，葱粒 25 克，白糖 3 克，酱油 10 克，花椒粉 3 克，味精 5 克，芝麻 2 克，芝麻油 2 克

▌烹调流程

1. 鲜兔肉用大约 5 倍量的清水浸泡 3 小时后再用流动水冲净血水。

2. 取适当汤锅，下入约 1000 克清水，大火煮沸，放入洗净的兔肉，转中火煮适断生后离火，兔肉留在原汤中泡至汤汁完全冷却，再捞出来晾干外表水分，备用。

3. 将熟兔肉宰成 1.5 毫米大小的丁。

4. 把豆豉辣酱、红油辣椒、白糖、酱油、味精、花椒粉、芝麻油调拌均匀，再倒入兔丁、花生仁、葱粒搅拌均匀。

5. 盛入盘内，撒上芝麻，再淋入红油辣椒即成。

▌大厨秘诀

1. 兔肉在煮之前，充分漂洗可避免成菜后兔肉发暗不够白，影响成菜的食欲感。

2. 兔肉切忌不能煮得过久，兔肉要留在原汤中泡至完全冷却，再捞出来，才能保持肉质鲜嫩度。

3. 斩兔丁时肉块不能过大，否则不易入味，食用也不便。

4. 豆豉辣酱可先用芝麻油、酱油调散再用。

成都双流的永安镇是牧马山二荆条辣椒的主要交易集散地，每到六月，市场一片红火。

干锅墨鱼仔

色泽红亮，麻辣鲜香，味道浓厚

【川辣方程式】麻辣干锅酱＋子弹头干辣椒节＋麻辣味＋炒

　　干锅系列菜在川菜餐饮行业中是一种独特的存在，说是菜，却与火锅一样须要炒制底料（干锅酱），也像火锅店一样，多只卖一口锅！虽不是火锅，却又能在加汤后当火锅吃！干锅酱的炒制成本原就不低，成菜的炒制时间也不短，做成小份就难定价，这或许就是一间市就只做单品店的最大原因吧！

　　干锅菜的最大特色就是干香、煳香浓郁，可用喷香形容，干锅酱是底味，成菜前的炒制是让干锅穿上华丽的外衣，因此选择色香味俱佳的辣椒的与香辛料炒香具有画龙点睛之作用。

盘溪市场是重庆市最大的农产品批发市场，可以说是周边区县农产品进入重庆市的大门。图为粮油干货市场。

▎食材·调料

墨鱼仔 500 克，芹菜 150 克，玉兰片 50 克，麻辣干锅酱（见 P188）50 克，子弹头干辣椒节 15 克，干青花椒粒 10 克，干红花椒粒 10 克，姜末 10 克，蒜末 10 克，川盐 2 克，白糖 5 克，味精 2 克，鸡精 2 克，料酒 15 克，芝麻油 10 克，花椒油 5 克，水淀粉 15 克，色拉油 1000 克（约耗 75 克）

▎烹调流程

1. 墨鱼仔洗净，沥水备用。芹菜切节，玉兰片切菱形块。

2. 锅内放色拉油烧至近七成热（约 200℃），下入沥干墨鱼仔过油，出锅沥油。

3. 锅中色拉油倒出做他用，留色拉油约 50 克，转中火烧至五成热，下子弹头干辣椒节炒香，再放干青红花椒、姜末、蒜末、麻辣干锅酱炒出香味。

4. 下过油墨鱼仔炒匀，调入料酒、川盐、白糖、味精、鸡精炒匀。

5. 放入玉兰片、芹菜节炒断生，再用水淀粉勾芡，起锅前淋芝麻油、花椒油即成。

▎大厨秘诀

1. 墨鱼仔入锅油温不宜过低，否则成菜口感发绵；若油温太高，则成菜口感不够脆爽。

2. 麻辣干锅酱下锅后应炒出颜色且红油吐出为佳，可酌情加入适量辣椒粉，色泽、辣度更好。

3. 墨鱼仔下锅炒制时间不宜过长，口感会变老；勾芡合适均匀，不宜多，成菜才有型。

经典麻辣豆花烤鱼

色泽红亮，麻辣鲜香，鱼肉细嫩入味

【川辣方程式】郫县豆瓣酱＋糍粑辣椒＋七星干辣椒＋泡二荆条辣椒＋香辣酱＋满天星干辣椒＋纯炼制老油＋麻辣味＋烤＋炒＋烧

　　烤鱼的流行起源于10多年前的重庆万州，当时江湖菜一片火爆，烤鱼因为结合炭烤香与麻辣香，加上鲜香嫩中有着微酥的口感，一下遍地开花到处都是烤鱼专卖店！后来经过几年的市场沉淀后，于5年多前，相关设备及连锁运营经验成熟后，烤鱼成了连锁餐饮中的爆款菜品，火遍了全国，整体的呈现风格融和粗犷与精致，加上时下流行的装潢风格，已成为年轻人的首选餐饮。

　　早期与现今流行烤鱼的最大差异在于麻辣度的呈现，早期更强调滋味的平衡，美味、刺激并重，现今的烤鱼常见疯狂的刺激感！

食材·调料

江团一条（约800克），黑豆花（见P200）500克，姜末10克，蒜末10克，小葱花10克，郫县豆瓣酱30克，泡二荆条辣椒末20克，糍粑辣椒末40克，香辣酱10克，味精3克，鸡精5克，白糖2克，红花椒粉2克，胡椒粉2克，芝麻油10克，花椒油10克，鲜青花椒20克，白芝麻10克，干红花椒粒5克，满天星干辣椒30克，熟香菜籽油250克，纯炼制老油（见P062）100克，大骨汤500克

码鱼汁水料：

姜片50克，大葱80克，清水1000克，川盐20克，味精10克，鸡精10克，胡椒粉2克，料酒20克

烹调流程

1. 制作码鱼汁水：榨汁机内加入姜片、大葱、清水打成蓉，沥出料渣留汁。汁中加入川盐20克、味精10克、鸡精10克、胡椒粉2克、料酒20克即为码鱼汁水。

2. 江团鱼宰杀处理干净，鱼身两侧剞一字花刀，再从鱼身腹部，即背脊内侧从头至尾划两刀，放入步骤1的汁水中浸泡5分钟，捞出放在烤鱼夹上，入烤炉内烤20分钟至熟香，取出置于烤盘上。

3. 熟香菜籽油入锅，大火烧至五成热，放入姜末、蒜末，转小火慢慢炸黄至香，再下郫县豆瓣酱煵香，下入泡二荆条辣椒末炒香，再下入糍粑辣椒末炒到无生辣椒味。再放入香辣酱炒匀，再下花椒粉、胡椒粉焖20分钟出锅成烤鱼麻辣酱料。

4. 锅洗净，下纯炼制老油，开中火烧至六成热，下入白芝麻、干红花椒粒、满天星干辣椒炒香后加入大骨汤，中火烧沸，下步骤3的烤鱼酱料200克、味精、鸡精、白糖、芝麻油、花椒油调味、搅匀。

5. 放入黑豆花小火慢烧至入味后，捞出豆花摆放在烤鱼周围。再下入鲜青花椒、小葱花炒匀出锅，将汤汁连料一起浇在烤鱼上，上桌后，待烤盘下的酒精炉再继续加热5分钟后即可食用。

大厨秘诀

1. 码鱼的汁水可以批量生产、标准化、量化，口味稳定，出品速度快，汤汁可以反复腌制3~5条鱼，节约成本。

2. 掌握好烤鱼入烤鱼炉的时间，烤的太久、太干影响成菜口感；烤的时间太短，不够干香，成菜滋味不佳。

3. 注意烤鱼背部、腹部划刀的深度，须能划断鱼刺但不划穿鱼肉，划好刀的鱼在腌制后要能扒开夹在架子上。这样的刀工技法能缩短烤制时间并容易入味。

4. 烤鱼麻辣酱料可以预先批量生产，出品时口味更佳稳定、节约出品时间。

5. 若是使用生菜籽油，必须入锅后先大火烧至近九成热（约280℃）炼熟，再让油温降至五成热后才能下料炒制。

四川周边高山地区大多是少数民族聚居区，因此有着各式各样的烧烤，其中形式最独特的要属汉源烧烤，有专人负责烧烤，加上油重，总会冒起大火而得名，当地人昵称"火上飞"。

033

海鲜大咖

成菜大气，丰俭由人，麻辣鲜香爽口

【川辣方程式】 子弹头干辣椒＋红油豆瓣酱＋麻辣火锅底料＋纯炼制老油＋
青二荆条辣椒＋红二荆条辣椒＋麻辣味＋烧

　　"综合海鲜烧烤、海鲜烧烤拼盘……"，多数人看到这类菜名应该都不会有强烈的愿望想试试看，但菜名若与流行用语结合——"海鲜大咖"！瞬间就让人眼睛一亮，想不想试试看有何能耐，可被封上"大咖"之名？

　　一道菜的成功，好吃是重要基础，包装营销则是卖不卖得动的关键，特别是在快节奏的时代，包装营销做得好，意味着能拉到客人，至于能不能留住客人，就要靠味道了。此菜使用干、鲜、复制、酿制等6种不同辣感的辣味调辅料，在色香味型上营造出热闹、火辣的五感冲击，就是要让你的眼耳鼻舌心都发出"哇"的赞叹！

▌食材·调料

生蚝 5 个，扇贝 5 个，基围虾 400 克，青口 10 个（又名淡菜、孔雀蛤），花蛤 250 克，肉蟹 1 只，红油豆瓣酱 50 克，麻辣火锅底料 50 克，咖喱酱 10 克，胡椒粉 3 克，姜片 15 克，大蒜片 15 克，大葱 20 克，干红花椒粒 5 克，子弹头干辣椒 20 克，青二荆条辣椒圈 50 克，红二荆条辣椒圈 50 克，川盐 3 克，味精 5 克，鸡精 5 克，白糖 3 克，料酒 20 克，芝麻油 20 克，花椒油 20 克，纯炼制老油 500 克（见 P062），清鸡汤 2000 克（见 P287）

▌烹调流程

1. 生蚝、扇贝、青口、花蛤、肉蟹、基围虾分别清洗处理干净，逐一摆放在烤炉盘中备用。

2. 锅上中火，入纯炼制老油 200 克，烧至六成热，下入姜片、蒜片、大葱爆香，下入红油豆瓣酱、麻辣火锅底料、咖喱酱炒香后加入清鸡汤，烧沸熬煮 5 分钟。

3. 调入川盐、味精、鸡精、白糖、胡椒粉、料酒并搅匀，再把锅中料渣全部沥尽后，汤汁倒入烤炉盘中，撒上青二荆条辣椒圈、红二荆条辣椒圈。

4. 锅上中火入纯炼制老油 300 克、芝麻油、花椒油烧至近七成热（约 200℃），下入干红花椒粒、子弹头干辣椒炒至变色、出香后浇在烤炉盘中的各种海鲜原料之上，放置烤炉上烧至海鲜料熟后即可食用。

▌大厨秘诀

1. 各种海鲜原材料需要提前处理干净，或者先入开水锅中汆一水再摆入盘中。这样上桌的色泽更加红亮，同时也可以去除部分海腥味。

2. 烤炉盘需要选用自带火源控制的器皿，在食用过程中可以随时控制火力。

3. 熬制汤料时最好利用牛油麻辣火锅底料的"香"结合红油豆瓣酱的"色"，炒制出来的底汤色香味俱全。

4. 最后一道工序炝油是关键，出品时才会有飘香感，油温是关键，温度太低辣椒、花椒的香味逼不出来；温度太高容易将辣椒、花椒炒焦，就没了香味只有焦味和苦味。

对于身处内陆的四川人来说，海洋因难以想象而充满想象！因此形成一种海鲜即是高贵的饮食认知。图为台湾澎湖县的海景及渔货交易风情。

034

砂锅串串香火锅

色泽红亮、家常麻辣味浓

【川辣方程式】 郫县豆瓣酱＋泡二荆条辣椒＋糍粑辣椒＋
七星干辣椒节＋纯炼制老油＋家常麻辣味＋炒＋煮

四川火锅，麻辣火锅的代名词，一个让人爱、恨、恐惧交织的神奇食物。不认识她的人，觉得她就是蛇蝎，让人恐惧；认识她后才发现对火锅的爱是如此浓烈，短暂分离就恨不能立刻回到她身边，相信四川人都存在这样的火锅爱恨情感。

四川火锅有用筷子夹食材涮烫、脂香味厚重的经典形式，或将食材串成串再煮、香气突出的串串香形式，以及将食材放入面篓再下入大锅麻辣汤中冒熟、以味为主的冒菜形式，其他还有冷串串、冷锅、干锅等多种形式，可见四川人对火锅用情之深。

串串香火锅上桌前的工艺是最单纯的，最复杂的是在炒料的部分，用到的调辅料从10多种到30多种，加上火候、下料顺序后产生的组合变化多达数千种，因而在川菜行业中就诞生了一个独特的工种"炒料师"，掌握香料、调料的各种特性。

炒火锅料必用的糍粑辣椒基本要用两种干辣椒，分别是出香与出辣，若是色泽效果不佳，就要再加第三种干辣椒以便出色，三种辣椒的比例就是火锅风格的骨架，再添郫县豆瓣夯实基础味，加香料修饰缺陷或塑造风格，以牛油、猪油或菜油为载体，融合所有滋味，火锅上桌时再加整颗的干辣椒、花椒，利用其辣味、麻味缓释的特点，弥补食用过程流失的麻辣味，又能强化火锅麻辣感的视觉感受。

▌食材·调料（锅底）

老姜片 2 片，小葱节 15 克，冰糖 5 克，川盐 5 克，鸡精 50 克，味精 15 克，醪糟 50 克，七星干辣椒节 50 克，干红花椒粒 20 克，混合油 1 千克（菜籽油和化猪油各一半），纯炼制老油（见 P062）2.5 千克，清鸡汤（见 P287）1.5 千克，串串香麻辣底料 500 克

涮锅食材

嫩牛肉片，猪脑花，鸭胗，鹅肠，水发毛肚，火腿肠，麻辣排骨，酥肉，鸡心，鱿鱼，鸡皮，豆皮，花菜，藕片，木耳，花菜，青笋，凤尾，折耳根，年糕，海带，竹扦适量

▌烹调流程

1. 将涮锅原料中除嫩牛肉片以外的食材洗净，改刀成适当大小，将能串成串的用竹扦串起，备用。

2. 取一宽口砂锅下入清鸡汤，调入冰糖、川盐、鸡精、味精、醪糟，以中火烧开煮化，再加入老生姜片、小葱节、干辣椒节、干红花椒粒、混合油、纯炼制老油、串串香麻辣火锅底料煮开即成砂锅串串香火锅汤底。

3. 将汤底置于桌上的火炉上，以中火保持微沸。即可取串好的食材入锅烫煮后食用。

▌串串香麻辣火锅底料

食材·调料： 色拉油 2.5 千克，大葱节 250 克，洋葱片 250 克，生姜片 100 克，大蒜 100 克，高粱白酒 200 克，姜末 20 克，蒜末 20 克，郫县豆瓣酱 250 克，泡二荆条辣椒末 400 克，糍粑辣椒 750 克（见 P062），白蔻 50 克，小茴香 50 克，红花椒 150 克，川盐 10 克，鸡精 20 克，冰糖 30 克

▌烹调流程

1. 将色拉油加入锅中大火烧至五成热，下入大葱、洋葱、生姜片、大蒜，小火慢慢炸香，至酥脆黄亮时烹入高粱白酒 50 克浸泡 5 分钟，捞出料渣不用。

2. 将蒜末、姜末投入锅中小火慢慢炸至金黄干香，烹入高粱白酒 50 克。放入郫县豆瓣酱炒散至香，加入泡二荆条辣椒末炒至油色红亮，再加入糍粑辣椒、白蔻、小茴香，翻炒至炒匀时烹入高粱白酒 50 克。

3. 调入红花椒粒、川盐、鸡精、冰糖炒匀后转小火慢慢翻炒，炒至辣椒的生味断除，散出辣椒香味来，烹入高粱白酒 50 克继续炒至锅边油亮即成串串香麻辣火锅底料。

四川巴中平昌县的串串香仍保持传统的消费方式，一锅串串在桌中间且不下桌，不限人数但必须并桌，所以看到坐在一桌的不一定相互认识，十分有趣。坐定并点上蘸碟后，即可随意挑选喜欢的串串来吃，但记住筷子绝不能入锅，数量随意，吃完后数扦子算钱。

035

冷锅串串

鲜香麻辣，色泽鲜艳，清凉爽口

【川辣方程式】红油辣椒＋熟油辣子＋麻辣味＋煮＋泡

　　冷锅串串的形式源自眉山洪雅的地方美食"藤椒钵钵鸡"，将"涮烫"变成"泡渍"，食用更佳便利，滋味一样丰厚。之所以叫冷锅的原因就是汤、料都是凉的，特别适合夏季食用，开胃解乏。所有食材事先制熟断生入致凉，再泡到冷串串汤汁中渍入味，不需动筷，拿起串串就能大快朵颐。

126

▌食材·调料

鸡脚 100 克，鸭肫 50 克，鸡心 50 克，鸭肫 50 克，基围虾 100 克，土豆 100 克，木耳 50 克，青笋片 100 克

冷串串汤汁料：鲜鸡汤 1300 克，川盐 30 克，白糖 25 克，味精 10 克，鸡精 10 克，汉源清溪红花椒粉 25 克，熟芝麻 50 克，自制红油辣椒 1000 克（见 P061），熟油辣子 300 克（见 P060），藤椒油 50 克

▌烹调流程

1. 将鸡脚入开水锅，中火煮 5 分钟，捞出浸泡冷水中，再捞出去大骨留皮用；鸭肫切片，鸡心切片，鸭肫切成 12 厘米的节，土豆去皮切成厚片，青笋去外表粗皮切成长方薄片，木耳洗净，分别入开水锅中煮熟出锅，漂于冷开水中备用。

2. 将煮熟原料沥干水后，分别用竹扦将鸡脚、鸭肫、鸡心、鸭肠、基围虾、土豆、木耳、青笋串成串备用。

3. 取一深汤碗，放入冷串串汤汁料调匀。

4. 放步骤 2 串好的熟料入步骤 3 的汤汁中浸泡约 30 分钟，即可食用。

▌大厨秘诀

1. 此汤汁可泡食各种荤、素、海鲜原料，只需提前煮至熟透，串成串，冷藏保鲜，食用前泡入冷串串汤汁内即可。

2. 须依各种原料质地的老嫩不同，决定在锅中煮的时间长短，且每一种原料最好分开单独煮，切忌原料混煮，致使串味而使各食材本味变杂。

3. 因汤汁味道较厚，应避免浸泡时间过长，使得调味掩盖食材本味。

4. 冷串串汤汁可根据当地饮食习惯增减辣椒油、花椒粉、川盐的比例。

四川眉山洪雅县的藤椒钵钵鸡可说是冷锅串串中最著名的。县城中许多的面馆或小餐馆桌上都会放着两大钵串串，红味、藤椒味各一，丰俭由人，地方风情浓郁。

036
怪味花生仁

入口麻、辣、咸、甜、鲜、香、酥、脆、爽

【川辣方程式】 舂制辣椒粉＋怪味＋糖粘

　　怪味在川菜味型中是一个独特的存在，鲜香麻辣咸酸甜多味并呈、不分主次也不冲突，因滋味绝妙而以"怪"形容。调制怪味时各种调料要使用适当，最佳效果应是各种滋味并呈，无主次之分，加入的舂制辣椒粉不宜过多，以香而微辣为原则，且要舂细，避免粗粒的鲜明辣感破坏怪味必须有的"微妙平衡"特点。

▍食材·调料

花生仁 200 克，白糖 100 克，细舂制辣椒粉 10 克（见 P057），花椒粉 3 克，川盐 5 克，甜面酱 20 克，味精 1 克，清水 100 克

▍烹调流程

1. 将川盐 500 克入锅小火炒热，再放入花生仁一同炒至花生仁脱皮酥脆，出锅。沥去川盐，将花生仁外皮搓掉去净备用。

2. 锅内加清水、白糖，用小火慢慢将白糖熬至较浓稠。起鱼眼泡时关掉火，加入甜面酱、辣椒粉、花椒粉、川盐、味精和匀，再倒入花生仁蘸裹糖液，待花生仁裹均匀后起锅，晾凉后即成。

▍大厨秘诀

1. 掌握用盐炒花生仁的火候，切忌炒焦，火候过大时间太短容易将花生仁炒焦而变黑、发苦。也可用烤箱上火 170℃，下火 190℃炙烤约 30 分钟至熟脆，取出晾凉后去皮即可。烤的过程需适时翻动，避免单面烤过了，影响滋味。

2. 熬制糖液时要掌握好火候，火力不宜过大，火力过大锅边容易产生焦味发黑。

3. 花生仁蘸糖过程中，要用锅铲不停地翻拌，要注意花生仁颗粒既分离又不能脱糖。

4. 此菜也可以不加甜面酱。虽属甜食，也可按偏好加少许柠檬汁或白醋，量以有酸香、无酸味为原则。

茶馆是成都人生活的组成部分，即使是新商圈，只要条件许可，都会设置露天茶馆。图为成都铁像寺商圈的露天茶馆。

037

酸辣豆花

滑嫩香脆，口感多样，酸辣开胃

【川辣方程式】 熟油辣子＋酸辣味＋煮＋拌

　　在四川，豆花一词主要指用盐卤或石膏卤在豆浆面上点卤后轻压成形的状态，口感软绵多汁。若将豆花舀到木模中压去多余水分就成了豆腐。这道小吃用的豆花准确来说应是豆腐脑，传统豆腐脑是将热豆浆冲入石膏卤与地瓜粉混合的卤水后静置而成，口感软嫩滑口。家庭制作可选用市售内酯豆花，以葡萄糖内酯作为凝结剂的豆花，取得、储存都方便，口感更细腻，只是有些人可能会觉得豆香味较弱。

在四川常有挑着或圆或方的红头担、主营豆花的贩子穿街走巷，现在有些改骑电瓶车，主要有酸辣与甜香两种口味，有些会兼卖凉面。

▌食材·调料

无糖盒装豆花 400 克，馓子 50 克，酥黄豆 10 克，小葱花 5 克，熟油辣子 30 克（见 P060），红花椒粉 1 克，川盐 3 克，味精 5 克，鸡精 10 克，胡椒粉 1 克，酱油 2 克，陈醋 20 克，芝麻油 10 克，水淀粉 20 克，清水 500 克

▌烹调流程

1. 将无糖盒装豆花整块放入开水锅中烫 5 分钟至热透，捞起切成 1.5 厘米见方的丁备用。

2. 锅入清水 500 克，中火烧沸，用川盐、味精、鸡精、胡椒粉、酱油、陈醋、芝麻油、熟油辣子、红花椒粉调味搅匀，再用水淀粉入锅勾芡，收成浓汁。

3. 将步骤 1 的豆腐丁下入锅中推匀，出锅装盘，撒上馓子、酥黄豆、小葱花成菜。

▌大厨秘诀

1. 盒装嫩豆腐的外包装属食品级耐热塑料，也可连同包装一起入开水锅中烫热，成菜速度较快又不容易碎。

2. 酸辣汤汁用水淀粉勾芡，成菜口感滑嫩，也可以将烫热的豆腐打成小块装入碗中，再把各种酸辣调料汁拌匀后浇淋在豆腐上成菜。

038

糖醋麻辣狼牙土豆

色泽红亮，入口脆爽，糖醋麻辣味厚重

【川辣方程式】 舂制辣椒粉＋熟油辣子＋糖醋麻辣味＋炸＋拌

小吃的滋味总是让人惊艳，并不因"小"而简单化、平庸化，反倒更需要做"强"，这个强就是"味道"！以此小吃为例，结合两个最受欢迎的味型：糖醋味加上麻辣味，让平凡的土豆裹上了浓郁的滋味，让人回味再三、流连忘返。想将滋味调到五感饱和点，辣椒粉、红油辣椒的比例与工艺最为关键，要让人在香辣过瘾后不辣肠胃，回味时只有过瘾。

▌食材·调料

土豆 500 克，舂制辣椒粉（见 P057）25 克，汉源红花椒粉 3 克，川盐 3 克，味精 5 克，鸡精 5 克，白糖 25 克，陈醋 30 克，芝麻油 5 克，红油辣椒 10 克，小葱花 5 克，熟白芝麻 2 克

▌烹调流程

1. 将土豆削去外表粗皮洗净，用波浪刀切成 1 厘米粗的条，浸泡在清水中备用。

2. 锅入色拉油至七分满，大火烧至六成热，将土豆条沥干水分放入油锅中炸至金黄、外酥内软，捞出沥油备用。

3. 将川盐、味精、鸡精、白糖、陈醋、辣椒粉、汉源红花椒粉、芝麻油、红油辣椒下入锅中调匀，再放入步骤 2 的酥香土豆条翻拌均匀后装盘，撒上小葱花、熟白芝麻成菜。

▌大厨秘诀

1. 土豆有黄心子和白心子两种，黄心土豆含淀粉少脆度好，白心子土豆含淀粉重成菜比较粉糯。

2. 土豆条最少须有约 1 厘米粗，成菜的土豆条才有形，否则土豆条太细，经不住油的浸炸，容易破碎或口感不够脆爽。

3. 掌握好糖醋麻辣复合味型的调制比例，这是年轻人最喜爱的味型之一，可应用于多种油炸类休闲美食。

成都洛带古镇，川西第一客家古镇。

039
销魂兔头

入口辣爽，肉质细腻鲜美，麻辣回味于唇齿间

【川辣方程式】春制辣椒粉＋红油辣椒＋老干妈豆豉酱＋麻辣味＋卤＋炒

　　成都人爱啃兔头是出了名的，更是成都美女粉子的最爱，据粗略统计，全国90%的兔头市场都在成都，因而衍生出一个影射甜蜜接吻的成都用语"啃兔头"。

　　在成都，兔头的做法以卤制为主，个别风味差异来自后续的炒味。这销魂兔头主要突出麻辣味，因此辣椒粉配方中需加入辣度较高的干辣椒，一般就是七星椒、石柱红、子弹头这类干辣椒，配上红油、老干妈豆豉酱营造多层次的辣感并丰富味感。

▎食材·调料

川式卤水1锅15千克（见P288），理净兔头1500克，小茴香3克，孜然2克，带皮白芝麻20克，春制辣椒粉70克（见P057），红花椒粒5克，老干妈豆豉酱200克，红油1000克（见P061），菜籽油250克

以石柱红辣椒闻名的重庆石柱县的农村风情。

▎烹调流程

1. 将理净兔头用流动的水泡2小时，再入沸水锅中余一水去掉血沫，捞出沥干水分，去掉边角的残毛后洗净。

2. 卤水以中火烧沸，加入处理干净的兔头，煮滚后转小火卤制40分钟后关火闷1小时至完全入味，捞出沥干水分备用。

3. 锅内入菜籽油大火烧至七成热，转小火，下带皮白芝麻爆香后，下入小茴香、孜然、红花椒粒炒香。

4. 接着下辣椒粉炒香出色后加入老干妈豆豉酱炒匀，下入卤熟的兔头，小火翻炒均匀，炒至辣椒粉的香味完全渗透至兔头内，出锅入盆。

5. 最后将自制红油倒入盆中，淹过炒制好的兔头封面，静置8小时融合入味即成。

▎大厨秘诀

1. 卤水选用老卤水，卤制后的成品风味更醇香有层次。如果使用现制作的新卤水，成品兔头会有很重的香料味出现。

2. 兔头不宜卤得太烂，小火慢卤，切忌大火快煮，这样的兔头出品不够入味。保持卤水似开非开的状态，少卤多泡，这样的兔头成菜外形更加完整、更加入味。

3. 干辣椒粉必须手工炒制，颜色红亮、香味醇厚。炒制出的兔头味道才会醇正厚重。炒制辣椒粉时切忌大火翻炒，火大容易煳焦变味，影响成品的风味。

4. 红花椒粒应选用南路椒品种，如汉源或越西红花椒，麻感过瘾而舒适、香气浓而协调，其他品种花椒容易造成回味时有苦味出现。

040

麻辣鸭锁骨

色泽红亮，入口滋糯，麻辣香厚重

【川辣方程式】 贵州子弹头辣椒粉＋红油＋麻辣味＋卤＋炒

　　川味卤货，即有些地方说的卤味，除基本的五香味，最让人津津乐道就是各式各样滋糯、麻辣香的麻辣味。

　　麻辣味卤货不是直接卤出来也不是吃前加辣椒，不会辣而不香或香而空麻空辣，川式麻辣味卤货的独特处在于将卤好的各种食材回锅与个别搭配的香料、辣椒一起炒香，再用大量红油泡，才能完美复合出风格各异的麻辣味。

▌ 食材·调料

鸭锁骨 500 克，川式卤水 1 锅（见 P288），贵州子弹头辣椒粉 80 克，汉源红花椒粒 3 克，花椒油 15 克，芝麻油 10 克，带皮白芝麻 50 克，小葱花 15 克，熟菜籽油 150 克（见P286），红油 500 克

▌ 烹调流程

1. 鸭锁骨先用流动水冲干净血水，再入开水锅中煮透去血末，捞出洗净，备用。

2. 川式卤水上中小火烧沸，放入汆过的鸭锁骨烧开，转小火维持微沸不腾，焖煮 50 分钟至熟，离火再浸泡 20 分钟捞出，备用。

3. 锅上火入熟菜籽油，大火烧至近八成热（约 230℃），下带皮白芝麻炸香后下汉源红花椒粒炒香，再放入贵州子弹头辣椒粉炒匀，放入卤好的鸭锁骨炒至均匀、入味。

4. 调入花椒油、芝麻油、小葱花继续翻炒至香味溢出后，舀至汤锅中，灌入红油，浸泡 3 小时以上即可捞出装盘。

▌ 大厨秘诀

1. 鸭锁骨需要先将血水处理干净，否则卤熟的鸭锁骨颜色发黑、发暗，菜品美观度低。

2. 卤制原料的过程中，全程使用小火微沸不腾，忌讳大火滚煮，这样卤的成品口感欠缺细腻、颜色容易偏重且可能碎散，此外会让卤汤快速减少，卤汤味容易发苦，破坏成品滋味。

3. 在炒制鸭锁骨时，必须提前将芝麻爆炒香以后才能加入其他调料。辣椒粉不能提前放入锅中炒，以免炒焦发苦。最后一道工序用小火慢慢将香味炒至鸭锁骨内即可，切忌大火炒制，容易炒焦而影响风味。

坐落于春熙路商圈太古里广场内的古迹大慈寺。

041

麻辣鸭脑壳

色泽红亮，入口细腻，麻辣鲜香

【川辣方程式】 舂制辣椒粉＋红油辣椒＋孜然麻辣味＋卤＋炒

　　麻辣鸭脑壳与麻辣鸭锁骨都是麻辣味，也都用同一卤水卤制，关键差别在因材施料，不同的食材与不同的辣椒、香料同炒，辣椒粉因风格差异，作为经典麻辣味的麻辣鸭锁骨，辣椒的色香味是主角而特别选用颜色、香辣度具佳的贵州子弹头辣椒。孜然麻辣味的麻辣鸭脑壳侧重在孜然风味，此时辣椒的角色是作为绿叶烘托孜然这一主角，辣椒粉也就只需选用基本配方的。

川菜博物馆位于郫县，除了静态展示外，还有小吃体验、烹饪课程、茶馆等互动式活动，可说是认识川菜的最佳去处。

▌ 食材·调料

川式卤水 1 锅 15 千克（见 P288），鸭头 1500 克，舂制辣椒粉（见 P057）100 克，汉源干红花椒粒 10 克，小茴香 3 克，孜然 3 克，带皮白芝麻 15 克，红油（见 P061）1000 克，菜籽油 250 克

▌ 烹调流程

1. 将鸭头清洗干净后，放入沸开水的锅中汆煮至熟捞出，清洗干净。

2. 川式卤水锅以中大火煮开，下入鸭头用中火煮开，再转小火卤煮 3 分钟，关火后闷 40 分钟捞出沥干水分。

3. 锅上大火入菜籽油 250 克，烧至八成热时，放入带皮白芝麻炸香，转中火，下汉源干红花椒粒、小茴香、孜然爆香，再加入辣椒粉小火炒香。

4. 放入卤熟的鸭头入锅内炒匀出锅，盛入盆内，加入自制红油封面，浸泡约 8 小时即成。

▌ 大厨秘诀

1. 必须将鸭头的边角、残毛去除干净，再入沸水中汆煮透。主要是去除腥味、血末，减少鸭的腥臊味。

2. 鸭头在卤水锅中小火卤制的目的是保证鸭头成菜的外形美观完整。在锅中闷泡的目的是让鸭头更加入味。

3. 高油温爆炒芝麻是让芝麻更香、必须选用带皮白芝麻；带皮白芝麻的香味比去皮白芝麻的香味好一点，但是成菜的色泽会重一点。

4. 自制辣椒粉入锅中的温度不能太高，否则容易煳而产生焦味。

5. 最后加自制红油是为了增加鸭头的复合香味，滋味更加厚重。

油卤鸭舌

色泽红亮，鲜香麻辣，休闲美食

【川辣方程式】 油辣卤油＋麻辣味＋油卤

油卤是川菜中独特的卤制工艺，卤汤油多水少，成菜后香气特别浓郁，口感多滋润。油卤工艺的产生，根源还是川人好"吃香香"，川人对美食菜肴最崇高的赞美就是"香"，有咸香、鲜香、酸香、甜香、苦香、辣香、麻香、奇香。因卤油的制作工艺繁复，管理繁琐，曾有段时间消失在主流市场中！虽说是油辣卤油，但辣椒只是调味的一部分，绝不是突出、爆辣川的存在，能与各种滋味、香气融合并产生层次才是辣椒的功能所在。

位于人民公园内的鹤鸣茶馆是成都历史悠久的知名茶馆，每到假日都座无虚席。成都人会自备糕饼、卤货之类的零食，摆上龙门阵，坐上大半天。

▌食材·调料

鲜鸭舌 500 克，油辣卤油 400 克（见 P064），清水 100 克，川盐 13 克，鸡精 12 克，味精 8 克，红糖 8 克，增香香料粉 20 克，糖色 10 克

▌烹调流程

1. 将鲜鸭舌入开水锅中汆一水，捞出沥干水分备用。
2. 将油辣卤油、清水、川盐、鸡精、味精、红糖、增香香料粉、糖色入锅，中火煮开后转小火熬煮 10 分钟。
3. 将汆过的鸭舌放入熬好的油卤汁中，小火卤 20 分钟，关火再闷 15 分钟。捞出时用卤油冲干净鸭舌表面的香料粉，装好盘后再刷一次卤油即成。

▌大厨秘诀

1. 鸭舌要选新鲜无碱的鸭舌，用碱发制过的鸭舌预熟后容易烂，成菜没有口感。
2. 此菜美味的关键在于熬制卤油，卤油的颜色要红亮且香味厚重。
3. 掌握各种原料入锅卤制时间长短。休闲美食再充分入味的前提下，尽量缩短卤制时间，口感比较有劲。
4. 出品时一定要再刷一次卤油，入口滋味更佳浓厚。

043

绝味炟鸡爪

色泽红亮，香辣回甜，奇香糯口

【川辣方程式】 郫县豆瓣酱＋泡二荆条辣椒＋七星干辣椒＋香辣味＋烧

　　用料多与广可说是川菜的一大特点，更让川菜在多方面鹤立鸡群，创造出的复合味总是让人眼睛一亮、没齿难忘。这道烧菜，成菜看起来简单，滋味却是 20 多种调辅料复合而成，味道与味道之间平顺衔接，七星干辣椒香而辣度明显，在复杂的复合味中起到串联作用，将香辣、酸辣、酱辣等多样的辣感揉在一起，加上咖喱酱的新奇滋味，确实一绝。

▌食材·调料

带骨鸡爪 500 克，郫县豆瓣酱 50 克，泡二荆条辣椒末 100 克，干红花椒粒 3 克，七星干辣椒 20 克，姜末 30 克，蒜末 30 克，大葱 50 克，八角 10 克，山奈 5 克，月桂叶 5 克，小茴香 10 克，桂皮 5 克，川盐 3 克，胡椒粉 2 克，料酒 20 克，白糖 3 克，味精 3 克，鸡精 5 克，蚝油 40 克，咖喱酱 10 克，甜面酱 15 克，陈醋 20 克，芝麻油 15 克，大骨汤 2000 克，牛油 50 克，色拉油 400 克

▌烹调流程

1. 取净锅入色拉油至七分满，大火烧至八成热，下入洗净、沥干的带骨鸡爪炸至表皮黄亮、松泡，出锅沥油后剪去脚指甲备用。

2. 锅洗净上中火，下入牛油熬化再加入色拉油 400 克，烧至五成热，下姜末、蒜末、大葱、八角、山奈、月桂叶、小茴香、桂皮，小火慢慢熬香。

3. 再下郫县豆瓣酱、泡二荆条辣椒末、干红花椒粒、七星干辣椒翻炒香，掺入大骨汤烧沸。

4. 调入川盐、胡椒粉、料酒、白糖、味精、鸡精、蚝油、咖喱酱、甜面酱、陈醋、芝麻油，小火熬煮 10 分钟后沥去料渣留汤汁。放入炸好的鸡爪，小火焖烧 90 分钟即可出锅装盘。

5. 取适量烧鸡脚的汤汁，大火烧开收汁至浓稠后，浇在鸡爪上即成。

▌大厨秘诀

1. 鸡爪最好选用偏长、肉较厚实的为好，短鸡爪成型不好看，肉少的鸡爪炸后没口感。

2. 炸鸡爪的油温要高、油脂要干净，炸出来的鸡爪成型比较黄亮美观。

3. 炸鸡爪时适度推转，避免鸡爪粘锅底，掌握好时间，因油温高、火力大容易将鸡爪炸焦而影响出品颜色。

四川种植的辣椒基本不够吃，需要大量的从省外输入或他国进口。图为成都郫都区的海霸王西部食品物流园。

第五篇

泡辣椒

酸香醇辣

在四川，泡辣椒多称"泡海椒"，还有"酸辣椒""酸海椒""鱼泡椒"等别名，
既是川人保存食物的一种方式，也是川菜中调味制作的重要辅料，
广泛应用于传统川菜到当代新派川菜、流行菜、江湖菜，
其中以川味河鲜的使用最多，量也大。
泡辣椒作为四川独具特色的调味料，与郫县豆瓣的重要性相当，
川菜众多脍炙人口的酸辣味、酸香味佳肴都离不开泡辣椒的调味，
从而造就了川菜与众不同的滋味。

泡辣椒是将鲜辣椒放入盐水浸泡并于无氧状态下发酵而成，为川菜特色调味料。制作泡辣椒主要选用红色、新鲜的各品种辣椒，其中二荆条是首选品种，也可选用七星椒、朝天椒、子弹头椒、小米椒等泡制，如在盐水中，添加一些小鲫鱼一起泡制，其泡椒味更浓郁、风味突出，俗称"鱼辣子"，是川菜烹制河鲜菜肴的绝佳调味品。

玩转泡辣椒

泡辣椒以色红鲜艳，肉厚形整，酸咸适度，气味清香，辣味纯正为佳，为川菜烹调使用较多的品种，川菜名菜鱼香肉丝、泡椒墨鱼仔、酸溜仔鸡等均选用泡辣椒，增色添香入酸。

另有用青辣椒泡制的泡辣椒，成品色泽暗绿，酸香肉厚，生青味浓，主要用于乡土风味的菜肴。

泡辣椒在菜品中的作用主要有两种：一是调味作用，二是既取味又兑色的用途。调味作用就是泡辣椒剁细以后，经过油脂炒出颜色，并取其浓郁泡菜乳酸香味道，与郫县豆瓣、辣酱、干辣椒等混合使用，加上葱姜蒜、糖醋盐等其他调辅料炒香，赋予川菜独特的风味而区别于其他地方菜系，产生出浓郁的酸香微辣的滋味，其中鱼香味就是川菜厨师巧用泡辣椒调味的经典。也有少数菜品可以用郫县豆瓣代替泡辣椒，但风格就显得普通。

另外，可将泡辣椒剁成细蓉以温油炒制成鱼香味泡椒酱，其酸辣气味浓郁，油色鲜红而亮，烹制菜肴时更加便利高效，成菜色彩、香味、滋味都有独特风格，更适合现代厨房运作的要求。为了节约炒制时间，川菜厨师也常事先将泡辣椒熬制成"泡椒红油"以提高作菜效率，成菜效果极佳，特别是泡椒红油同泡辣椒一并使用，对成菜滋味丰厚度有事半功倍的效果。

兑色提味相结合手法在川菜专业中的说法被总结为"脆泡椒"一词，即将泡辣椒（主要用泡二荆条辣椒）切成段或马耳朵节等。这种方式的泡辣椒在这类菜品中起到配色的作用，其作为调味的作用相对弱一些，但也能增加一些泡辣椒特有的风味，兑色作用较为明显，常见菜品有臊子干烧鱼、火爆肚头、肝腰合炒等。

泡椒主力：二荆条泡辣椒

所有泡辣椒入菜基本都要先用油炒，以去除生味并激发出浓郁乳酸香后才继续后续烹调工作，其中二荆条泡辣椒在川菜中使用最多，特别是川菜最有代表性的味型鱼香味，有鱼香肉丝、鱼香八块鸡、鱼香茄子等名菜，这是因为二荆条泡辣椒的乳酸香味在此味型中是产生"鱼香"错觉的关键气味，不强烈，却是其他调料不可替代的。

除上述长期在众多酒楼、餐厅供应，经久不衰的名菜外，还有很多深受川人喜爱的家常名菜都离不开二荆条泡辣椒，如火爆腰花、小煎鸡、醋熘鸡、太白鸡、肝腰合炒等，这些菜肴少了二荆条泡辣椒的微辣乳酸香就失去风味精髓。

风行江湖的子弹头泡辣椒

近十年来川菜上出现了一系列泡椒菜品，一些流行菜、江湖菜、乡村菜对外形浑圆饱满、色泽红艳、酸香而辣的子弹头泡辣椒情有独钟，而成了川菜江湖的诱人法宝。

子弹头泡辣椒的地位崛起于不走常规路子的江湖菜，相关菜肴使用子弹头泡辣椒的量往往超出常规，颠覆了传统菜肴辅料少于主料的规矩，往往一份菜中子弹头泡辣椒的

牧马山二荆条辣椒及泡制的泡二荆条辣椒。

泡辣椒不仅入菜，独特的泡制风情更成为酒楼的最佳风情装饰。

白净鲜亮的泡荤菜在川菜中属于高辣度菜品。

分量多于主料食材的分量，如曾评为"中国名菜"和"四川名菜肴"的泡椒墨鱼仔。

　　超常的用量带给子弹头泡辣椒系列菜品的不仅是浓郁口感，其色彩红艳、诱人更成为人们的焦点，成为泡椒菜典型的符号，自此，泡椒系列菜品如雨后春笋般出现在大江南北，并使泡辣椒总体使用量似乎达到历史巅峰。

辣于无形的泡小米椒及泡野山椒

　　小米椒来自云南，泡小米椒为高辣度泡辣椒，鲜辣感特别突出，颜色黄亮，主要用于烹调河鲜类及一些地方口味的特色菜肴制作，通常是切小段或碎入菜，用量不能多，常见于鲜椒味、仔姜味、酸辣味菜品，成菜多是清亮、干净的，没有印象中的火红，不熟悉川菜的食客常被辣于无形。

　　泡野山椒与泡小米椒品种不同，但都是高辣度、鲜辣感强，颜色青绿较不讨喜，两种泡辣椒可互相替代。大约 1980 年代后期出现在酒楼，盛行于 1990 年代直到如今，野山椒制作的菜肴依然盛行于大江南北的新派川菜，最出名的菜品有山椒泡凤爪、老坛酸菜鱼、野山椒炒鸡丝等，后来山椒泡凤爪还成了风靡大江南北的休闲食品，随时刺激、挑逗着人们的味蕾。

糟辣椒

　　糟辣椒源自云南、贵州，在四川家庭或农家菜主题餐馆用得较多，其制作方法是将辣椒剁成粗粒后密封隔氧发酵，与四川泡辣椒工艺有异曲同工之妙，但加了姜、蒜、白酒等调味，因此成品鲜辣色艳、香气浓郁、口感脆嫩并带有鲜明而清新的酒香，四川人习惯将这香气称为糟香味，故名糟辣椒。

传统手工剁制工艺。

143

川辣必学的秘制调料

泡鱼辣椒

▌食材·调料

牧马山鲜二荆条辣椒5
千克，鲜活鲫鱼2条（约
500）克，纯净水10千克，泡菜坛1个（可装20~25千克水的大小）

调味料：川盐1250克，高粱白酒150克，红糖300克，醪糟汁100克，麦芽糖（麻糖）50克

辅料：芹菜200克，韭菜200克，大蒜100克

香料包：八角10克，干红花椒15克，排草5克，山柰5克，香叶7克，小茴香10克，胡椒粒30克，干辣椒20克，全部香料装入纱布袋，扎紧袋口即成。

▌制作流程

1. 先将活鲫鱼在清水中不喂食养2天，中途换几次水。接着用第二道淘米水1500克加入川盐5克搅匀，放入鲫鱼约50分钟左右，俗称换肚或洗肠。最后再捞入清水中放养4~5小时，即可捞出。
2. 泡菜坛内放入纯净水、全部调味料、香料包及全部辅料搅匀。
3. 牧马山鲜二荆条辣椒洗净，晾干水分后，放入泡菜坛内，再放入处理后的鲫鱼。然后用竹篦子或竹篦片压紧，盖上坛盖，加上坛沿水即可，无氧泡制发酵200天左右即成泡鱼辣椒。

▌技术关键

1. 首次兑制的新泡菜盐水，其口感及成菜自然乳酸风味的丰富度，都比老泡菜盐水差。
2. 如果在兑制新鲜泡菜盐水时，能有老泡菜盐水作为母水（又称诱饵），发酵时间较快、成品风味会更加浓厚，如没有老泡菜盐水则需较久的泡制发酵时间。

3. 活鲫鱼一定不要去鱼鳞甲、不需破肚去内脏，否则影响泡辣椒的鲜味。
4. 泡菜盐水用的清水最好选用山泉水、井水、纯净水，因为自来水中有消毒剂，会影响泡菜成品的脆度。
5. 泡菜坛管理：务必置于阴凉、温差小的地方；务必放坛沿水，隔绝氧气以免泡菜水滋生害菌，同时要每天更换坛沿水，避免坛沿水滋生杂菌污染泡菜水；泡菜坛环境温度高于18℃时应早晚各换一次坛沿水，低于16℃时一天换一次。

泡小青辣椒

▌食材·调料

小青辣椒500克，凉开水400克，川盐75克，白酒5克，红糖20克、香料包（干红花椒10粒，八角1克，排草1克，山柰1克）

▌制作流程

1. 小青辣椒洗净，晾干水分。
2. 凉开水倒入干净的泡菜坛内，放川盐、白酒、红糖、香料包搅均匀。
3. 放入小青辣椒后用竹篦片压住让盐水能淹过辣椒，泡制发酵140~160天即可。

▌技术关键

1. 选新鲜的、无虫伤、肉质厚的小青辣椒，不能去把。
2. 所有主辅料装坛后，一定要让盐水淹泡过辣椒。
3. 加适量的老泡菜盐水泡成的小青辣椒滋味更佳。
4. 一定要密封严实，坛子要放坛沿水。泡菜坛管理同泡鱼辣椒。

泡子弹头辣椒

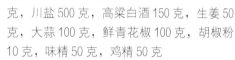

▍食材·调料

子弹头辣椒 500 克，凉开水 1000 克，川盐 125 克，白酒 5 克，大蒜瓣 25 克，干红花椒 2 克，红糖 20 克，醪糟汁 10 克

▍制作流程

1. 将子弹头辣椒洗净，晾干水分。

2. 凉开水倒入干净的泡菜坛内，放入川盐、白酒、大蒜瓣、干红花椒、红糖、醪糟汁搅匀调味。

3. 放入晾干的子弹头辣椒并用竹篦子压紧使辣椒完全浸泡在盐水中。

4. 坛子盖上坛盖，加满坛沿水。密封浸泡发酵约 180 天即可食用。

▍技术关键

1. 需要泡制的原材料食材一定要先洗净并晾干水分后才能入坛泡制，否则泡菜盐水与生水混合后，坛内容易生花、变味。

2. 不要去掉子弹头辣椒蒂把，带把一起泡制，成品更加饱满、脆爽，否则成形后辣椒容易空壳变软，影响品质。

3. 如果有条件可在新制作的泡菜盐水中加入部分老泡菜盐水，可缩短发酵时间、口味更加丰富、酸爽，口感会更佳。

4. 泡菜坛管理同泡鱼辣椒。

泡野山椒

▍食材·调料

鲜野山椒 500 克，凉开水 1000 克，川盐 125 克，白酒 5 克，红糖 15 克，醪糟汁 10 克，白醋 20 克

小而绿的泡野山椒及黄亮的泡小米椒。

▍制作流程

1. 鲜野山椒洗净，晾干水分。

2. 将凉开水倒入干净的泡菜坛中，放入川盐、白酒、白醋、红糖、醪糟汁搅匀调味。

3. 把晾干水分的野山椒放入坛中，用竹篦子压紧使辣椒完全浸泡在盐水中。盖上坛盖加上坛沿水，泡制发酵 180 天以上即可食用。

▍技术关键

1. 野山椒应选择新鲜、颜色青绿、肉质好、无腐烂变质的。

2. 切记，不可将野山椒的蒂把摘掉，否则泡制好的野山椒变成无肉空壳，会影响野山椒的口感。

3. 泡入 15 天左右翻搅一次，让野山椒入味均匀。

4. 如果加入一半的老泡菜盐水，发酵时间更快、成菜酸爽可口风味更佳。

5. 泡菜坛管理同泡鱼辣椒。

糟辣椒

▍食材·调料

鲜红二荆条辣椒 1.5 千克，鲜红小米辣椒 1.5 千克，川盐 500 克，高粱白酒 150 克，生姜 50 克，大蒜 100 克，鲜青花椒 100 克，胡椒粉 10 克，味精 50 克，鸡精 50 克

▍制作流程

1. 新鲜红二荆条辣椒、红小米辣椒洗净，晾干后剁成小拇指指甲片大小的片状，放入盆中备用。

2. 牛姜、大蒜剁成二粗状的末，放入辣椒末的盆中，放入鲜青花椒、川盐、胡椒粉、味精、鸡精、高粱白酒拌匀后入坛，封好坛口发酵 15 天后即成色泽红亮、鲜辣开胃、糟香清新。

▍技术关键

1. 必须选用头伏天的红二荆条辣椒和红小米辣椒作为原料。

2. 根据个人口味，弹性调整辣椒的搭配比例，喜欢吃辣的红小米辣椒可以多一点。

3. 生姜和大蒜可以与辣椒一起剁，这样效果更好。

4. 糟辣椒的川盐不能太少，少了口感变得干辣，且成品的辣椒末漂浮在表面，坛底却全是盐水并发酸，风味全失。

5. 调和好的糟辣椒要马上放入坛内、封好坛口，置于阴凉处发酵。

6. 环境温度较高的地方要适度缩短发酵时间，发酵完成后置于冰箱的冷藏室以低温让发酵速度减到最低，避免过酸或过度发酵而败坏。

泡椒酱

▌食材·调料
泡二荆条辣椒 500 克，泡姜 50 克，大葱 50 克，川盐 15 克，青花椒 20 克，色拉油 200 克

▌制作流程

1. 泡二荆条辣椒去蒂后用刀剁碎成蓉末，泡姜切片，大葱切节。

2. 锅内放色拉油，开中火，放入泡二荆条辣椒蓉，加入泡姜片、大葱节、川盐、青花椒拌炒，至香味浓郁，泡椒油红亮即可。

3. 捞出泡姜片，大葱节，装入玻璃瓶容器即成泡椒酱。

▌技术关键

1. 泡辣椒也可选用二荆条和朝天椒泡椒，按 1:1 的比例混合使用。朝天椒可以增加辣度，二荆条可确保颜色的红亮。

2. 泡椒在炒制前一定要剁成细蓉，否则成菜观感不好看。

3. 炒制泡椒蓉时，火候不宜过大，也不可炒制太久以免泡椒酱太干，影响口感。

4. 炒制过程中也可以加少许白糖提味增鲜。

美蛙鱼头老油

▌原料

A：牛油 2 千克，色拉油 8 千克，郫县豆瓣 200 克，泡二荆条辣椒末 200 克，泡小米辣椒节 200 克，干红花椒碎 100 克，干青花椒碎 200 克，糍粑辣椒 3 千克（见 P062，配方：魔鬼椒 300 克，子弹头干辣椒 700 克，新一代干辣椒 100 克），豆豉碎 20 克，胡椒粉 100 克

B：蒜末 200 克，姜末 100 克，拍大蒜 100 克，大葱 300 克，生姜片 150 克，洋葱 300 克，白酒 500 克，食盐 100 克，鸡精 50 克，冰糖 100 克，白糖 100 克

▌香料：
栀子 50 克，陈皮 15 克，香叶 30 克，八角 100 克，白芷 30 克，山奈 20 克，砂仁 10 克，草果 25 克，白蔻 30 克，小茴香 40 克，孜然 30 克，甘草 15 克，香茅草 40 克，桂皮 30 克，丁香 15 克，排草 30 克

▌制作流程

1. 大葱切段破开两瓣；洋葱切成粗丝状；全部香料入盆中拌匀后用温水淹过，浸泡 5 分钟后分成 2 份备用。

2. 锅上小火，下入牛油慢慢熬至全化后烹入白酒 50 克，搅匀，再加入色拉油搅匀，转中小火烧至 130℃，放入生姜片、拍大蒜、大葱、洋葱，转小火慢慢炒至微黄，烹入白酒 50 克，搅匀。

3. 下入 1/2 分量沥去水分的香料搅匀，小火恒温慢慢炒约 80 分钟，烹入白酒 50 克，搅匀关火闷 10 分钟。将所有料渣捞出沥干油分备用。

4. 在油温达到 130℃时下入蒜末、姜末小火慢慢炸香，烹入白酒 50 克，搅匀。下入豆豉碎炸香，烹入白酒 50 克，搅匀。下入冰糖慢慢炒化，再下入郫县豆瓣，小火慢慢炒香。

5. 下泡二金条辣椒末炒至色泽红亮后，放入泡小米辣椒节炒至小米辣节发白，烹入白酒 50 克，搅匀，再下入糍粑辣椒翻炒均匀，烹入白酒 50 克，搅匀，将剩余的 1/2 分量香料沥去水分后加入，小火慢慢炒匀。

6. 炒至油色红亮、香味出来后，下入胡椒粉、干红花椒碎、干青花椒碎搅匀，烹入白酒 50 克，搅匀。再放入食盐、鸡精、白糖炒匀，小火慢慢炒约 60 分钟至锅边亮油，烹入白酒 100 克，搅匀出锅闷至 24 小时。

7. 用细孔漏勺将料渣下压，以汤勺舀出漏勺中无粗料渣的油至干净汤桶中，静置约 8 小时置油中细料渣完全沉淀后，上层净油即为成品。

044

山椒藕丝

入口脆爽，酸辣开胃

【川辣方程式】 泡野山椒＋新一代干辣椒＋酸辣味＋炒

　　野山椒辣度极高，早期在川菜范围内很少使用，直到江湖川菜盛行后才大量使用，且只用泡野山椒，干的或鲜的基本不用，关键在于川人偏好香辣，不喜欢让人难受的酷辣。泡野山椒有强烈的鲜辣感且酸香味足，而成为川人制作跳水泡菜或酸辣味菜品常用调料，多半成菜口感要求脆爽。此菜需挑对莲藕，白花藕色泽较白，脆最适合炒、凉拌、涮火锅等；红花藕色泽较深，淀粉较重，口感粉糯，适宜炖汤。

泡菜在四川是家户必备的食材，可直接吃也可入菜调味，在市场的需求下，专业化的泡菜场应运而生。图为四川老坛子公司的常规及埋入式泡菜厂房。

▍食材·调料

白花藕 350 克，泡野山椒 80 克，新一代干辣椒 5 克，川盐 1 克，寿司醋 15 克，小葱花 5 克，味精 5 克，鸡精 5 克，色拉油 80 克

▍烹调流程

1. 白花藕削去外表粗皮，顺纤维切成粗约 0.2 厘米的丝，下入清水中淘洗干净后浸泡在清水中，备用。泡野山椒、新一代干辣椒皆切成粗丝状备用。

2. 取净锅下入清水至 1/3 满，上大火烧沸，藕丝沥水后下入锅中汆一水，出锅沥水备用。

3. 锅洗净，下入色拉油，大火烧至近七成热（约 200℃），下新一代干辣椒丝炝香，再下泡野山椒丝翻炒几下。

4. 下入汆过的藕丝炒匀，调入川盐、味精、鸡精、寿司醋，翻炒均匀出锅，撒上小葱花成菜。

▍大厨秘诀

1. 藕洗净后，须将外皮去干净。顺藕纤维切成丝，成菜的藕丝才不容易断。

2. 藕丝入开水锅中不宜汆煮太久，必须保持藕的脆性，搭配大火、高温炝香，快速翻炒几下炒匀出锅，成菜的香气才浓郁。

045

泡椒三丝肉卷

色泽红亮，入口滋糯香脆

【川辣方程式】 泡椒酱＋泡椒红油味＋淋

此菜是将家常菜细作成为宴客菜，若是家常做法，菜名则是"拌白肉"，红油麻辣味为主。精选坐臀肉，做成肉卷，淋上用泡辣椒调制的味汁，入口乳酸香醇厚、微辣回甜，相较于麻辣味，泡椒红油味的消费族群更广，更适合宴会场合。

▌食材·调料

带皮猪坐臀肉150克，青笋50克，胡萝卜50克，白萝卜50克，泡椒酱（见P146）25克，蒜泥15克，盐2克，味精1克，酱油20克，白糖10克，红油15克，生姜5克

▌烹调流程

1. 将猪肉刮洗干净，放入锅中加水（淹过猪肉）、生姜（拍碎），煮至刚熟后关火静置浸泡，待原汤温度降至温热，捞出猪肉，沥干水分。

2. 用刀将煮熟的猪肉片成10厘米长、5厘米宽的薄片。青笋、胡萝卜、白萝卜去皮，分别切成二粗丝，用盐码匀，挤干水分待用。

3. 将片成薄片的肉片放置平整，分别将三种丝放上，卷成肉卷后装入盘内。

4. 将泡椒酱、蒜泥、酱油、红油、味精、盐、白糖置入碗中，充分拌匀后淋在盘中的肉卷上即可。

▌大厨秘诀

1. 猪肉不可煮过久，以刚熟为佳。用原汤浸泡保持肉质鲜嫩滋润。

2. 三丝必须用盐码渍后去除蔬菜涩水并软化，成菜口感更脆，成形时才好卷成卷。

3. 调味汁要充分拌均匀，红油不宜过多，这样泡椒味才浓厚、突出。

川式春卷多是包卷拌上自家秘制酱料的生菜丝丝，也有卷好后才淋入酱汁的，图中遂宁市著名小吃"芥末春卷"即是。

046

泡椒黄喉

入口脆爽，酸辣味浓厚

【川辣方程式】泡青辣椒＋泡椒味＋炒

　　泡青辣椒因为颜色不亮丽，较少出现在菜品中，即使有也不会特别说明，但其更清新的椒香味是无可取代的，此道菜就充分利用泡青辣椒清新椒香味及乳酸味，突出黄喉的脆嫩与青笋的清脆，在色泽上一改传统的艳丽感，黄喉的粉黄、青笋的翠绿、泡青辣椒的棕绿，带出十足的现代感。

▌食材·调料

水发黄喉250克，泡青辣椒50克，泡姜20克，青笋50克，水淀粉10克，料酒10克，大蒜15克，葱25克，川盐2克，味精2克，白糖5克，花椒油5克，胡椒粉1克，芝麻油10克，色拉油50克

▌烹调流程

1. 将水发黄喉整理洗净，用刀剞成花刀，切成菱形块。青笋去皮切成条，用少许川盐渍一下。泡青辣椒去蒂去籽后切成节，泡姜切片，葱切斜节。

2. 将川盐、味精、白糖、胡椒粉、料酒、水淀粉加清水5克，兑成味汁。

3. 锅中放清水，大火烧沸，下黄喉块氽水捞出。倒掉锅中水，洗净后烧干，放色拉油，大火烧至七成熟，下泡姜、泡辣椒、蒜片、葱节爆香，放入黄喉爆炒，烹入步骤2味汁后放花椒油、芝麻油推匀起锅即成。

▌大厨秘诀

1. 氽烫黄喉要控制好时间，不宜在锅中煮得过久，口感变得绵老，影响成菜效果。

2. 泡青辣椒节下锅须炒出泡辣椒香味，再加其他调辅料。也可加少许红色辣椒，点缀色彩。

3. 兑味汁时，水淀粉不能过多，以免成菜变得稀糊，不清爽。应以大火收芡汁。

四川农贸市场的日常，现打辣椒粉，也有摊摊的辣椒做出特色，只卖辣椒、花椒。

【香辣小知识】黄喉与喉咙没有关系，实际是猪、牛等家畜的主动脉弓血管，又称心管，也常误解为食管或气管，作为食材又分为发制黄喉和鲜黄喉，主要特点就是爽脆。

047

家常猪肝

色泽红亮，质地滑嫩，泡椒风味浓郁

【川辣方程式】 泡二荆条辣椒＋泡野山椒＋大青螺丝椒＋泡椒家常味＋爆炒

　　家常猪肝又名泡椒猪肝，属常见的家常川菜，酸香微辣十分开胃。家常菜虽说家常，却都是难做好的菜品。此菜在味方面使用了2种泡辣椒及泡姜，在乳酸味与辛辣味上堆叠出更多的层次，另外猪肝的选择是整体口感的关键，必须选用黄沙肝，成品猪肝色泽白嫩爽口；如果选用冲血猪肝（又称灌水猪肝），成菜色泽发暗、口感粗糙影响成菜特点。最后就是火候的掌控。

▌食材·调料

猪肝200克，泡二荆条辣椒100克，泡姜50克，泡野山椒节20克，大蒜25克，大葱30克，大青螺丝椒50克，木耳30克，川盐2克，味精5克，鸡精5克，酱油2克，白糖2克，胡椒粉2克，料酒20克，淀粉10克，清水5克，菜籽油80克

▌烹调流程

1. 猪肝切成柳叶片放入碗中，加入酱油、料酒10克、淀粉5克，码味上浆备用；泡二荆条辣椒、大葱、大青螺丝椒切成菱形；泡姜、大蒜切成指甲片。

2. 取一碗放入川盐、味精、鸡精、白糖、料酒10克、淀粉5克、清水5克，调匀成味汁备用。

3. 锅下菜籽油，上大火烧热至近七成热（约200℃），下入码味后的猪肝炒散，放入泡二荆条辣椒、泡野山椒节、泡姜、大蒜、大葱炒香出色。再放入大青螺丝椒、木耳炒制均匀。

4. 烹入步骤2的调味汁炒匀、收汁，出锅成菜。

▌大厨秘诀

1. 泡二荆条辣椒应色泽红亮，香而不辣。选用老坛自然乳酸发酵的泡二荆条辣椒作为辅料调味，成菜更加开胃。

2. 猪肝入锅时油温要高、火力要大，快速爆炒成菜。油温低、火力小炒制的猪肝口感干且硬。

成都市新二村农贸市场。

048

天府过水鱼

色泽红亮，鱼肉细嫩入味，回口酸甜

【川辣方程式】 泡二荆条辣椒＋鱼香味＋煮＋淋

麻辣江湖：
辣椒与川菜

　　鱼香味的调制关键就是泡辣椒，虽常说重用姜葱蒜，但泡辣椒那似臭似香的乳酸味才是产生鱼香错觉的关键。

　　另此菜品的工艺是经过改良的，所谓"过水"实际是入汤煮，即先煮入味再淋汁，更适合餐馆酒楼的出菜速度要求。传统上这类菜品都是不换锅，一次烧成，不仅耗时长、经验要求也更高，面对现在快节奏实在跟不上。

▌食材·调料

草鱼一条（约700克），大骨汤（见P287）5千克，泡二荆条辣椒末100克，泡姜末30克，姜末25克，蒜末25克，泡豇豆60克，白糖35克，陈醋40克，味精5克，鸡精5克，料酒15克，小葱20克，清水200克，水淀粉10克，色拉油120克

煮鱼汤料：川盐10克，味精15克，鸡精20克，白酒5克，胡椒粉2克，姜片15克，大葱20克

▌烹调流程

1. 草鱼去鳞、去内脏、洗净后，斜刀剁成厚瓦块状备用；泡豇豆切成长约0.3厘米的颗粒状；小葱洗净，葱白留他用只取葱绿切成末。

2. 将大骨汤倒入宽口汤锅中，大火煮沸转小火，下入煮鱼汤料，熬煮3分钟。

3. 转中小火，下入鱼块慢慢煮至开锅，大约5分钟后，捞出装盘。

4. 锅下入色拉油，上中火烧至六成热，放入泡二荆条辣椒末、泡姜末、姜末、蒜末、泡豇豆末炒香、炒红亮，加入清水煮开，转小火熬2分钟。

5. 调入白糖、陈醋、味精、鸡精、料酒调味后，用水淀粉10克入锅勾芡，收汁搅匀后出锅，淋在鱼块上成菜。

▌大厨秘诀

1. 煮鱼的汤调好味后可以重复煮5~6条同样大小的鱼，按比例放大制作量，即可以批量出品，速度快、口味稳定、质地细嫩。

2. 煮鱼的汤和汁分开烹调可以去除部分腥味，色泽更加红亮、汁更加清爽、鱼肉更加鲜美。

3. 鱼可以整条剞好花刀后再入锅煮；也可以切成块用竹箩子装好分开煮，这样不容易碎，而且能保证形状的完美性。

优质餐厅在四川百货商场中是吸引客流量的关键。

049

鱼香八块鸡

色泽红亮，外酥里嫩，鱼香味浓郁

【川辣方程式】 泡二荆条鱼辣椒＋鱼香味＋炸＋裹

　　此菜又名"鱼香八炸鸡"。然而不论是"八块鸡"还是"八炸鸡"的"八"都不是数量，不是说整道菜就八块鸡肉或炸八次！经推敲，应是源自川话中指"蘸上、裹上"的"巴"字或"巴裹"一词，这里将菜名转成句子就可以理解："把鱼香味蘸裹在炸鸡块上的菜品"。可能在传播过程中有所误解或约定俗成，不再用"巴"，只用"八"了。

西来古镇位于成都浦江县，保留大量明清建筑。

▌食材·调料

鸡脯肉 150 克，泡二荆条鱼辣椒末 25 克，鸡蛋清 1 个，面粉 25 克，姜片 10 克，葱节 10 克，料酒 10 克，姜末 10 克，葱花 15 克，蒜末 15 克，川盐 7 克，白糖 15 克，陈醋 15 克，生抽 5 克，味精 2 克，水淀粉 20 克，色拉油 1000 克（约耗 50 克）

▌烹调流程

1. 鸡脯肉撕去皮留鸡肉，用刀片成 0.5 毫米厚的片。再用刀在鸡肉表面上剞十字花刀，然后切成 3~4 厘米的菱形块置于盆中，调入川盐 5 克、葱节、姜片、料酒码味 10 分钟左右。

2. 取一碗放入鸡蛋清、面粉调成蛋清面糊。码入味的鸡肉块去掉姜、葱不用，再将鸡块下入蛋清面糊中拌匀。

3. 取净锅上大火，入色拉油烧热至六成热，将裹匀蛋清面糊的鸡肉块分别放入油锅中炸至熟后捞出；等待油温升至七成热时，再将炸熟的鸡块放入热油锅中炸至金黄、皮酥，捞出沥油。

4. 另取一锅入色拉油 50 克上中火，烧至五成热时下入泡二荆条鱼辣椒末炒至色泽红亮，再放入姜、蒜末炒香。

5. 加入清水 100 克烧沸，调入川盐 2 克、白糖、陈醋、味精、生抽搅匀后，用水淀粉收汁，再放入葱花推匀，最后倒入炸好的鸡块翻均裹匀鱼香汁，出锅成菜。

▌大厨秘诀

1. 鸡脯肉一定要去掉鸡皮，否则成菜后口感发绵、不够酥脆。

2. 鸡脯肉在刀工处理上大小均匀。剞十字花刀时鸡肉表面不能穿孔，否则影响成菜美观。

3. 鸡脯肉刀工处理以后必须用川盐码底味，但码味不宜过咸，否则成菜滋味不协调。

4. 蛋清面糊要干稀稠度恰当，以刚好能挂在鸡脯肉上为宜。糊太稀裹不在鸡肉上，成菜口感不酥脆；太稠成菜口感全是粉的感觉，吃不到鸡肉的滋味。

5. 炸鸡肉必须分两次炸制，以保鸡肉成菜后外酥里嫩的效果。第一次低油温是让鸡肉炸熟、定形，第二次高油温炸是让鸡肉上色、增脆。

6. 泡鱼辣椒必须去籽剁成细蓉，否则影响成菜的色泽红亮度及成菜的质感。

050

富贵茄盒

色泽清爽，鲜甜爽口，鱼香味浓

【川辣方程式】 泡椒酱＋鱼香味＋蒸＋淋

　　鱼香味的菜品酸甜适口、老少皆宜，而酸甜味的菜全世界都喜欢，可说是最没有地域、习惯限制的滋味。

　　传统炒制鱼香汁时，在将泡椒炒出味的步骤需较多时间，不能适应当前餐饮市场对出菜速度的要求。所谓"创新来自于需求"，将泡椒事先炒制成酱的方法应运而生，出菜时可节约大量时间又不减风味。

▌食材·调料

茄子450克，猪肉末75克，鲜虾50克，火腿末5克，面粉10克，鸡蛋1个，泡椒酱（见P146）25克，川盐2克，料酒3克，姜末10克，蒜末15克，白糖20克，陈醋20克，味精1克，葱花10克，水淀粉10克，色拉油1000克（约耗100克）

▌烹调流程

1. 茄子间隔去皮，切成厚2厘米的圆柱形。用小刀将茄子中心挖一圆洞。

2. 鲜虾剥去壳，去头留尾，虾肉切碎，同猪肉末、火腿末拌和均匀，加入川盐、料酒、姜末、葱花、味精、鸡蛋黄（1个）拌匀成虾肉馅。

3. 鸡蛋清加入面粉调成蛋清面糊，分别抹入茄子洞内，然后将虾肉馅酿进去，上面安装上虾尾，成茄盒。

4. 将茄盒坯摆入盘内，上蒸笼，以大火蒸约10分钟至熟透。

5. 锅内放色拉油50克烧至五成热，下入泡椒酱炒出色，下姜蒜末炒香，掺75克清水，放料酒、白糖、川盐、味精、葱花、陈醋拌匀、烧沸，下水淀粉勾芡收汁即成鱼香味汁，淋在蒸熟的茄盒上即成。

▌大厨秘诀

1. 选新鲜、个头直、大小均匀的茄子，是保证成菜外形美观的基础条件。

2. 炒泡椒酱时火候不能过大，炒出红色、香味后再下姜蒜末继续炒制，以免火力过大将泡椒酱炒焦变味。

3. 勾芡汁时宜用旺火，以使吐出红油，达到亮汁亮油的效果。

佛教四大名山分别是浙江普陀山、山西五台山、四川峨眉山、安徽九华山。图为四川峨嵋山海拔3000多米的金顶。

051
泡椒鱿鱼花

色泽红亮，泡椒乳酸香味浓郁

【川辣方程式】 子弹头泡辣椒 + 泡椒油 + 泡椒味 + 炒

　　在川菜的体系中，河鲜烹调离不开泡菜的酸鲜、酸香，1990 年代后，因物流业的成熟，大量海鲜进入四川成都，川厨们发现泡菜依旧是最佳"绿叶"，可以烘托出海鲜的甜美。

　　海鲜、河鲜的常用泡菜属于老泡菜，酸香味较浓郁，如泡酸菜、泡辣椒、泡姜，其次有泡豇豆、泡萝卜、泡蒜头，洗澡泡菜类用得少。

▌食材·调料

水发鱿鱼 250 克，子弹头泡辣椒 250 克，西芹 50 克，姜片 15 克，蒜片 15 克，川盐 2 克，味精 3 克，料酒 15 克，白糖 5 克，醪糟汁 10 克，泡椒油（见《经典川味河鲜》一书）50 克，花椒油 10 克，芝麻油 10 克，水淀粉 20 克

▌烹调流程

1. 水发鱿鱼撕去外皮，在鱿鱼里层表面剞上十字花刀。再改刀成 3 厘米大小的菱形块。西芹去筋后切成菱形块。

2. 将鱿鱼花刀块放入沸水锅中氽一水，煮至鱿鱼块卷成鱿鱼花形时捞出沥水。

3. 泡椒油入锅中火烧至五成热，放入姜片、蒜片、子弹头泡椒爆香。再放入鱿鱼花、西芹，烹入料酒、川盐、白糖、味精、醪糟汁、花椒油、芝麻油，翻匀后用水淀粉勾芡、收汁成菜。

▌大厨秘诀

1. 鱿鱼在剞花刀前一定要将油膜去干净。否则成菜口感绵韧，影响脆度。

2. 剞花刀时，必须在鱿鱼的内层下十字刀；如果在鱿鱼的表层剞十字花刀，下入开水煮后花纹翻不开，影响成菜美感。

3. 剞花刀时刀纹之间的距离、深浅、大小均匀，成菜更加美观，烹调时入味均匀，方便烹炒，提升成菜速度。

4. 鱿鱼花入锅氽煮时必须沸水、大火，不宜久煮，否则影响成菜的脆度和花纹形状。

5. 控制水淀粉的用量，用量过多成菜会黏黏糊糊的，不清爽；用量过少鱿块巴不上味、不入味，成菜滋润度不够。

泡菜制作多要选择阴凉处并将坛子的 1/3 埋入土中确保坛中温度相对稳定，也有将坛子完全埋入土中，只露出坛口的，如图中街子古镇唐公别院的泡菜园子。

052

柠檬老坛酸菜鱼

色泽黄亮，入口酸爽，鱼片洁白，弹嫩滑爽

【川辣方程式】泡野山椒＋黄灯笼辣椒酱＋贵州子弹干辣椒＋酸辣味＋烧

　　四川安岳县乃"中国柠檬之乡"，全县产量与市场占有率高达全国的约80%，更研发"柠檬风味宴"，柠檬因此被大众进一步熟悉。

　　酸菜鱼是源自川南的特色菜，又称梭边鱼，以酸爽鲜美著名，此菜在酸菜鱼的基础上加入柠檬滋味，鲜香滋味更加突出，酸爽层次也更加丰富。

乌鱼片上浆入味

▌食材·调料

乌鱼片 500 克，川盐 13 克，味精 5 克，鸡精 5 克，胡椒粉 1 克，葱姜水 200 克，木薯粉 10 克

▌烹调流程

1. 将切好后的乌鱼片 500 克，先用川盐 8 克、清水 500 克，抓匀搅打 2 分钟。

2. 再用流动净水冲 5~10 分钟，冲去鱼片中的血水，捞出沥干水分。

3. 将鱼片纳入盆中，加川盐 5 克、味精 5 克、鸡精 5 克、胡椒粉 1 克、葱姜水 100 克，搅打上劲，打至鱼片黏稠后，再加入葱姜水 100 克，再次搅打至鱼片黏稠，拌入木薯粉翻匀。

4. 放入冰箱保鲜静置 1 小时后即可使用。

■ 食材·调料

上浆乌鱼片 700 克，鸡蛋 1 个，淀粉 5 克，老坛酸菜片 100 克，老坛酸萝卜片 100 克，泡野山椒末 50 克，黄灯笼辣椒酱 50 克，大骨汤 1250 克，泡野山椒水 60 克，川盐 5 克，味精 10 克，鸡精 15 克，白糖 3 克，胡椒粉 2 克，保宁白醋 30 克，寿司白醋 30 克，化鸡油 100 克，色拉油 80 克，大红袍干红花椒粒 2 克，贵州子弹头干辣椒 10 克，熟白芝麻 2 克，小葱花 5 克，青柠檬 1 个，黄柠檬片 4 片

■ 烹调流程

1. 炒锅下入化鸡油，中火烧至五成热，放入酸菜片、酸萝卜片翻炒至香，再下泡野山椒末、黄灯笼辣椒酱继续炒至颜色黄亮，加入大骨汤烧沸后熬煮 5 分钟。

2. 调入川盐、味精、鸡精、胡椒粉、白糖、泡野山椒水、保宁白醋、寿司白醋，煮开后再熬 1 分钟出锅，盛入汤碗，挤入一颗青柠檬的汁，搅匀备用。

3. 另取净锅，加入清水至五分满，大火烧沸转中小火。将上浆后的乌鱼片滑散下入开水锅中，小火慢慢煮至鱼片熟透捞出，盖在酸菜汤上。

4. 炒锅上中火，入色拉油烧至近七成热（约 200℃），下大红袍干红花椒粒、贵州子弹头干辣椒炝香后出锅，淋在乌鱼片上，点缀熟白芝麻、小葱花、黄柠檬片即成。

■ 大厨秘诀

1. 鱼片切好后须先用盐抓匀、淘洗、冲去鱼片中的血水后再上浆。否则鱼片成菜后不够白，影响成菜美观度。

2. 冲洗后的鱼片须将水分碾干后再上浆，否则鱼片上浆易脱水后导致脱浆，影响鱼片的滑嫩口感。

3. 鸡油在锅内温度不宜烧的过高。油温过高鸡油成菜后不够黄亮，易发白，影响成菜色泽的黄亮度。

4. 一个锅熬煮酸菜汤料，另一个锅清水煮鱼片有以下两个好处：一是可以批量化生产；二是汤料的味道稳定不会受鱼片的多寡因素而影响出品的口味，也能保证出品的颜值美观。

河湖交错的四川盆地河鲜质优量丰，近代修成的水库更是进一步扩大优质河鲜规模。图为四川南部县的升钟湖水库有机养殖渔业的收鱼风情，以花鲢为主，其他还有多种养殖或野生鱼，如鲤鱼、草鱼、鲫鱼、青鱼、鳊鱼、白条鱼、鳜鱼、黄红尾巴、鲶鱼、黑鱼等。

053

啵啵泡椒鱼

色泽红亮，出品快，泡椒香辣味浓

【川辣方程式】 泡子弹头红辣椒＋香辣泡椒酱＋泡椒香辣味＋煮

　　龙利鱼又名子板鱼、鳎目、鳎米，为近海大型底栖鱼类，华中以南近海都有分布，龙利鱼肉质爽滑，久煮不老，几乎无腥异味。

　　此菜以泡辣椒特有的酸香、辣香为主调，再搭配色泽红亮、形状饱满的泡子弹头红辣椒同煮，酸香辣层次丰富、诱人食欲。此菜主要基础味全在预先炒制的香辣泡椒酱，这种部分调味以预先制作的酱汁，取代传统每次都要从头做起的繁琐，是当代川菜发展的趋势，但要注意的是不能失去风味精髓，因为简化工艺的目的是减少烹调负荷，不是减少美味！因此，当运用科技、设备、技术简化流程，还能做到与传统工艺一样之美味效果的改良，才是有价值的。

▍食材·调料

龙利鱼 400 克，藕片 50 克，木耳 50 克，竹笋片 50 克，青笋片 50 克，金针菇 50 克，泡子弹头红辣椒 100 克，泡椒酱（见P146）200 克，川盐 3 克，味精 5 克，鸡精 5 克，胡椒粉 1 克，姜葱水（见 P286）100 克，淀粉 10 克，大骨汤（见 P287）750 克，小葱花 5 克

▍烹调流程

1. 龙利鱼切成 0.4 厘米的厚片，洗净后沥干水。用川盐、味精、鸡精、胡椒粉、姜葱水搅打上劲，拌入淀粉码匀、上浆，备用。

2. 藕片、木耳、竹笋片、青笋片、金针菇入开水锅中煮熟，捞出沥干水后放入砂锅内垫底备用。

3. 大骨汤下入锅中，以中火烧开，放入泡椒酱、泡子弹头红辣椒熬煮 2 分钟，调入川盐、味精、鸡精。

4. 将码好味的龙利鱼片逐一放入汤中，煮至鱼片熟透出锅舀入垫有熟蔬菜底的砂锅内，撒上小葱花即成。

▍大厨秘诀

1. 砂锅可提前用烤箱或煲仔炉加热至热烫备用，这样的出菜速度较快。

2. 各种蔬菜原材料可以提前氽煮熟后漂凉备用，能进一步加快出菜速度。

3. 鱼片可提前批量上好浆，浆的干稀度、粉的比例控制好，太干，下锅后容易成坨散不开，成菜口感粉太多；太稀则容易脱浆，影响口感嫩度。

隆昌位于四川东南的内江市南端，置县的历史有 1300 多年，历史文化积淀深厚。图为城区北关的石牌坊群，城区里外共有17 座石牌坊，是我国最大的石牌坊群。

054

山椒泡双脆

入口脆爽，酸辣开胃

【川辣方程式】泡野山椒＋泡野山椒水＋酸辣山椒味＋泡

以往说到泡菜都是脆性蔬菜做原料泡制而成，1990年代创新风气大盛，川厨们也是脑洞大开，突发奇想的将荤料放进泡菜坛，那酸辣脆爽还真一"泡"而红！

川菜行业中称之为泡荤菜，在工艺角度属于跳水泡菜，又称洗澡泡菜，荤料入泡菜水短则数十分钟，多的话不超过24小时即可食用，因食材、泡制温度而异。因油脂会导致泡菜水快速败坏，所以泡荤菜的关键在尽量去除荤料上的油脂，虽不可能完全去除，至少确保成菜前不会败坏，也因此，泡过荤菜的泡菜水是不能循环使用的。

▌食材·调料

鸭肫150克，水发黄喉150克，净青笋50克，胡萝卜50克，泡野山椒100克，泡野山椒水100克，生姜片5克，川盐35克，味精3克，料酒20克，白醋15克，白糖10克，干红花椒2克，凉开水1500克

▌烹调流程

1. 将鸭肫去掉油、筋洗净，用刀剞成十字花刀再一破为四小块；黄喉去油膜切成五刀一断开的佛手形。青笋、胡萝卜分别切成筷子条。

2. 锅内放清水烧沸，放入生姜（拍破）、干红花椒粒、料酒，中火熬煮约5分钟后转大火，放入鸭肫汆煮，刚熟即捞出，用清水冲凉，取出沥水。再把黄喉入锅内汆一水捞出，冲漂冷水后沥干。

3. 将一半的泡野山椒切成碎粒后纳入盆中，加入泡野山椒水及另一半泡野山椒，再调入川盐、白糖、白醋、味精，加入凉开水搅匀调制成泡菜盐水。

4. 将鸭肫、黄喉、青笋、胡萝卜放入泡菜盐水中，约浸泡40分钟至入味，即可捞出成菜。

▌大厨秘诀

1. 鸭肫、黄喉不能在锅中煮的太久，煮的时候火力要大、水要沸腾，否则影响成菜的口感脆度。

2. 青笋、胡萝卜条可以先用盐腌一下，再入盐水中泡制，成菜口感会更加脆爽。

3. 泡野山椒的辣味如果比较淡，辣度不够的情况下，可以用红小米辣椒提高辣度。

成都的东面是龙泉驿，每到春天桃花盛开，桃花林的地上铺上砖，摆上桌子，为人们提供花海中享受吃农家菜、打麻将的安逸。

167

055

酸汤乌鱼片

色泽金黄，酸爽开胃，鱼肉滑嫩

【川辣方程式】黄灯笼辣椒酱＋泡野山椒＋泡野山椒水＋红小米辣椒＋青小米辣椒＋酸辣味＋煮

新派酸汤菜的一个显著特点就是色泽金黄，有些则称金汤，颜色来自海南的黄灯笼辣椒酱，部分加入南瓜蓉强化。黄灯笼辣椒是辣度极高的辣椒，以盐渍工艺制作而成，相较于大部分高辣度的辣椒，黄灯笼辣椒的辣香味、鲜辣感十分突出而受川厨青睐。这里加入泡野山椒、新鲜小米辣椒以增加辣感层次，红花椒油则是缓和入口瞬间的酷辣感，同时增香。

食材·调料

乌鱼片 300 克，魔芋丝粉 150 克，黄瓜片 200 克，黄灯笼辣椒酱 120 克，泡野山椒末 80 克，老南瓜蓉 100 克，泡野山椒水 100 克，红小米辣椒圈 80 克，青小米辣椒圈 80 克，小葱花 50 克，川盐 5 克，味精 5 克，鸡精 8 克，白醋 40 克，寿司醋 30 克，红花椒油 80 克，淀粉 10 克，葱姜水 100 克（见 P286），化鸡油 100 克，大骨汤 1000 克

烹调流程

1. 乌鱼片用清水淘洗干净，用川盐 3 克、葱姜水 100 克，搅打上劲至黏稠，加入淀粉 10 克，拌匀备用。

2. 将魔芋丝粉、黄瓜片入开水锅中余一水，捞出沥干后垫于碗底备用。

3. 锅入化鸡油，上中火烧热至五成多（约 160℃），下黄灯笼辣椒酱、泡野山椒末炒香至黄亮时，加入老南瓜蓉炒匀，下大骨汤烧沸，调入泡野山椒水、川盐 2 克、味精、鸡精。

4. 将码好味的鱼片一一放入锅中，小火煮约 3 分钟。

5. 下入白醋、寿司醋、青小米辣椒圈、红小米辣椒圈、小葱花、红花椒油搅拌均匀，转大火滚一下就出锅，盛于碗中魔芋丝粉、黄瓜片上成菜。

大厨秘诀

1. 乌鱼肉须去干净鱼刺再改刀成片，食用更方便。

2. 乌鱼片在上浆之前，必须把鱼片的血水去除干净，成菜后鱼片才显得白净；加川盐后用力搅打上劲至鱼肉的胶原蛋清黏稠，否则成菜后鱼片不够滑嫩弹牙。

3. 炒制黄灯笼辣椒酱时火力不要太大、油温不宜太高，否则容易炒焦而影响成菜的颜色及口味。

4. 在调入白醋、寿司醋后须用大火滚几秒钟，去掉醋的酸呛味，成菜的酸香口感会更醇厚。

位于眉山市仁寿县的黑龙滩水库一景。

056

木桶鱼

汤鲜味美，入口细嫩而鲜辣

【川辣方程式】 红小米辣椒＋青小米辣椒＋泡红小米辣椒＋泡红小米辣椒水＋泡椒鲜辣味＋煮

　　现今餐饮市场越来越饱和，除了滋味，如何在用餐环境、气氛上先声夺人，已是老板、厨师们的首要工作。

　　木桶鱼就是在这样的市场中，结合原始石烹、纯朴木桶、滚沸堂烹的热闹于一身，瞬间火爆的创新菜品。但记住，形式只是吸引消费者，味道才能留人成主顾，务必选用老坛泡制的泡红小米辣椒，还要加入泡红小米辣椒水，成菜滋味才丰厚，有滋有味。

成都九眼桥附近的廊桥虽非古迹，但与市景巧妙融合并于廊桥上开设高级酒楼而成为标志性景观，其夜景美轮美奂。

泡辣椒·酸香醇辣

▌食材·调料

江团 900 克，青笋片 100 克，魔芋丝粉 100 克，木耳 50 克，红小米辣椒圈 100 克，青二荆条辣椒圈 100 克，泡红小米辣椒节 100 克，泡红小米辣椒水 60 克，小葱花 50 克，川盐 10 克，味精 5 克，鸡精 10 克，料酒 10 克，胡椒粉 2 克，藤椒油 50 克，乙基麦芽酚 3 克，淀粉 20 克，大骨汤 2500 克（见 P287），化鸡油 60 克，干净鹅卵石约 2 千克

▌烹调流程

1. 干净鹅卵石铺在烤盘上，放入上下火各 220℃的烤箱加热。

2. 江团宰杀处理干净，取下鱼肉，鱼头、鱼骨剁成大块。鱼肉片成约 0.3 厘米的厚片，用川盐 5 克、料酒、淀粉拌匀码味后备用。

3. 鱼头块、鱼骨块入开水锅中煮透后去干净浮末沥水备用。另起开水锅，下青笋片、魔芋丝粉、木耳余一水，沥干备用。

4. 化鸡油入锅，中大火烧至六成热时，下入余水后的鱼头块、鱼骨块煎炒至外表微干，转中火，下入泡红小米辣椒节、红小米辣椒圈、青二荆条辣椒圈炒匀。加入大骨高汤大火熬煮 3 分钟。

5. 调入川盐 5 克、泡红小米辣椒水、味精、鸡精、胡椒粉、藤椒油、乙基麦芽酚搅匀调味。加入余好的青笋片、魔芋丝粉、木耳烧滚，即成木桶鱼汤汁。

6. 将充分加热的鹅卵石放入木桶内上桌，在石头上倒码味的鱼片，再倒入步骤 5 的滚烫木桶鱼汤汁，盖上盖子 2 分钟后即可食用。

▌大厨秘诀

1. 鱼片不能切得太薄，否则倒在炸的石头上容易碎，影响成菜成形美观。

2. 鱼头、鱼骨比较厚，必须先在锅中的热汤里煮熟，也更入味，避免在木桶内烫得半生不熟，产生隐患。

3. 乙基麦芽酚在调味中不宜用量过多，只是辅助增香的效果，用量多了汤味发闷，影响食欲。

4. 石头最好用烤箱恒温加热，可确保出菜的速度；也可用油炸的方式加热石头，但速度慢、成本高，且石头带的油也会影响菜品风味。

057

美蛙鱼头

色泽红亮，入口细腻，麻辣鲜香

【川辣方程式】 糍粑辣椒＋干辣椒＋炼制纯炼制老油＋纯炼制美蛙鱼头老油＋酸香麻辣味

　　美蛙鱼头滋味霸道的关键在使用纯炼制老油作为基底香味，泡酸萝卜、泡酸菜丰富味道，再以加入大量泡辣椒炼制、烧热的美蛙鱼头专用纯炼制老油炸出芝麻、辣椒、花椒的香味作为头香，菜还没上桌就能闻到扑鼻的香气。头香受油温影响极大，油温过低芝麻、花椒、辣椒的香味出不来；油温过高容易炸煳而产生焦味，影响成菜的口感。

▍食材·调料

A：净鱼头 1500 克，川盐 15 克，胡椒粉 5 克，味精 10 克，鸡精 10 克，地瓜粉 30 克

B：理净美蛙 1000 克，川盐 10 克，胡椒粉 5 克，鸡精 10 克，味精 10 克，嫩肉粉 5 克，地瓜粉 50 克

C：纯炼制老油 400 克（见 P062），鸡油 150 克，猪油 150 克，泡酸萝卜片 150 克，泡酸菜片 200 克，川盐 6 克，味精 3 克，鸡精 5 克，酸辣鲜露 50 克，白糖 6 克，大骨汤 2000 克

D：纯炼制美蛙鱼头老油（见 P146）500 克，芝麻油 150 克，花椒油 80 克，青花椒粒 40 克，红花椒粒 20 克，白芝麻 40 克，七星干辣椒节 50 克

▍烹调流程

1. 鱼头处理干净后，剁成 5 厘米的块，纳盆，调入川盐、胡椒粉、味精、鸡精拌匀，加入地瓜粉再搅拌均匀，备用；理净美蛙宰成块，纳盆，调入川盐、胡椒粉、鸡精、味精、嫩肉粉拌匀，再加地瓜粉拌匀，备用。

2. 锅上大火，下入色拉油至七分满，烧至七成热，下入码好味的美蛙滑至熟透，捞出沥油备用。

3. 另取净锅，下入纯炼制老油、鸡油、猪油大火烧至六成热，下入泡酸萝卜片、泡酸菜片炒香，加入大骨汤烧沸，转小火，调入川盐、味精、鸡精、酸辣鲜露、白糖，搅匀。

4. 下入滑熟的美蛙烧约 3 分钟，再加入码好味的鱼头块一起烧至入味、熟透出锅，装入盆中备用。

5. 锅洗净，上中火，入纯炼制的美蛙鱼头老油、芝麻油、花椒油烧至七成热，下白芝麻爆香，放入七星干辣椒节、青花椒粒、红花椒粒，翻炒至香味四溢；迅速出锅浇淋在盆中的美蛙鱼头上成菜。

▍大厨秘诀

1. 鱼头处理干净后须剁成大块，成菜后才有形状；块太小烧至熟透后容易散、烂，影响成菜美观。

2. 美蛙需要先码味，再入高油温锅中滑至熟透，一是可以缩短烧制的时间；二是可以让蛙肉更加细嫩入味。

3. 烧制过程中必须先烧美蛙至嫩后，再下鱼头同烧，否则成菜后蛙肉的嫩度与鱼头不同步。

峨嵋山有一生态猴区位于清音阁上"一线天"附近，区内设栈道、亭子、索桥，游人可以观猴、赏猴。

砂锅炟泥鳅

入口炟软，麻辣悠长

【川辣方程式】泡二荆条辣椒＋贵州子弹头干辣椒＋泡野山椒＋郫县豆瓣酱＋酸香麻辣味＋烧

炟字是川话用字，音同"趴"，指质地柔、软、烂的意思。这道菜的成菜口感要求就是要软，要好看就要有形，否则就一蹋糊涂了。

炟而有形的成菜关键就在耐心，小火慢烧，时间足了自然炟软入味。不过自从有了压力锅后就不需烦恼耗时的问题，只是在汤水量方面，用压力锅时汤汁损耗少，味道要调足，汤水量比成菜要求多 1/5 即可；若是用小火慢烧，汤水量依烧的时间长度增加，一般需比成菜要求多 1/3 以上。

▌食材·调料

泥鳅 600 克，藕片 80 克，青笋 50 克，木耳 50 克，土豆粉条 100 克，泡酸菜 100 克，泡二荆条辣椒末 60 克，泡野山椒 60 克，贵州子弹头干辣椒 25 克，郫县豆瓣酱 30 克，泡姜末 20 克，小葱花 10 克，带皮白芝麻 50 克，干红花椒粒 3 克，川盐 3 克，味精 5 克，鸡精 10 克，白糖 2 克，胡椒粉 2 克，料酒 15 克，陈醋 10 克，鲜汤 350 克，芝麻油 15 克，花椒油 20 克，纯炼制老油 150 克（见 P062），色拉油 100 克

▌烹调流程

1. 泥鳅宰杀去头、去内脏洗净备用；青笋切成厚约 0.3 厘米的片；泡酸菜切成厚片后用清水浸泡 1 小时捞出沥水备用。

2. 锅入纯炼制老油大火烧至六成热，下泡酸菜、泡二荆条辣椒末、泡野山椒、泡姜末、郫县豆瓣酱炒香，掺鲜汤大火烧沸转小火熬煮 3 分钟。用川盐、味精、鸡精、白糖、胡椒粉、料酒、陈醋调味，下入理净的泥鳅烧开后倒入高压锅内，盖好锅盖压煮 5 分钟，关火焖 5 分钟后泄压，完全泄压后再开盖，备用。

3. 锅洗净，入清水至五成满，大火烧沸，下入藕片、青笋片、木耳、土豆粉条汆煮断生，捞出沥水垫碗底，锅中泥鳅连汤汁舀出盖在上面。

4. 另取净锅入色拉油、芝麻油、花椒油大火烧至近七成热（约 200℃），下白芝麻爆香，再放贵州子弹头干辣椒、干红花椒粒炒香，出锅淋在泥鳅上，撒上小葱花即成。

▌大厨秘诀

1. 泥鳅尽量选用鲜活、个头大小均匀的，宰杀时去内脏、去头留背脊骨，这样成形不易烂。

2. 泥鳅用高压锅压制出来的菜肴更加入味、细嫩、有形，但是要掌握好压制的时间，时间太短泥鳅的肉与骨头不易分离；压制的时间太长，泥鳅容易碎不成形。

3. 最后一道炝油工序要掌握好油温，油温太低则芝麻、花椒、辣椒的香味逼不出来；油温太高容易炒焦煳影响成菜色泽和口味。

过去四川的皮影戏十分普遍而著名，但因人们休闲习惯的改变而没落，现今的皮影偶则以工艺品的形式活跃在市场上。

糟辣椒蒸排骨

入口软嫩，鲜辣爽口

【川辣方程式】 糟辣椒＋红小米辣椒＋糟香鲜辣味＋蒸

　　糟辣椒源自云南、贵州，将辣椒剁成粗粒后密封隔氧发酵，与四川泡辣椒工艺有异曲同工之妙，因加了姜蒜末一起发酵，味道更辛香味浓，鲜辣而酸。

　　糟辣椒入菜基本可不加其他调味料就有足够的醇厚滋味，适度调味能让整体风味更加完整，这里加入小量的小米辣让鲜辣感更突出，是当今江湖菜的流行手法，滋味更加强烈些。

▋食材·调料

排骨 400 克，土豆 400 克，糟辣椒（见 P145）80 克，红小米辣椒碎 10 克，姜末 15 克，小葱花 10 克，川盐 5 克，料酒 10 克，蒸鱼豉油 20 克，味精 5 克，鸡精 5 克，色拉油 30 克

▋烹调流程

1. 排骨剁成 2 厘米的小节，用流动水冲 30 分钟去除血水，捞出沥干水分备用。土豆去皮切成 3 厘米大小的滚刀块，用清水浸泡 2 分钟去掉土豆淀粉。

2. 土豆块沥干水分入碗垫底；沥干排骨入盆内，调入糟辣椒、红小米辣椒碎、姜末、川盐、料酒、味精、鸡精拌匀后，放在碗中的土豆上入笼蒸 80 分钟。

3. 取出蒸熟的排骨碗，加入蒸鱼豉油，撒上小葱花。

4. 色拉油入锅，大火烧至近七成热（约 200℃），出锅浇在小葱花上成菜。

▋大厨秘诀

1. 排骨最好选用精猪签子排骨（肋排），出品成菜整齐美观。切忌用龙骨作为主料，改刀后仍大小不一影响美观。

2. 斩好后的排骨用水冲去血水，成菜色泽更白嫩，体现原料的新鲜感。没有冲血水的排骨成菜后色泽发暗。

3. 掌握排骨入笼的蒸制时间，蒸的时间过长排骨肉过于软烂，食用时夹不起来；蒸的时间太短，排骨入口顶牙，不便于食用且失去蒸菜的炽糯有形的特点。

当有大批量制作四川泡菜的需求时，第一件事就是找宽敞而阴凉的场地，多半会是在靠山的农村里。图为一传统泡菜基地，泡辣椒、泡酸菜等成品都十分亮丽脆爽而酸香。

第六篇

酿辣椒

时间酝味

以时间酝酿的辣椒调料最大特点就是滋味醇厚，
最具代表性的就是有川味之魂美誉的郫县豆瓣酱，
具有色泽红亮、微辣而鲜、酱香浓郁、味浓醇厚之特点，
乃川菜及四川家庭必备酱料，除了家常味型中当主味外，
也在麻辣味、香辣味、酸辣味、煳辣味、红油味、陈皮味等味型中，
产生塑造风格、厚实底味的关键作用，
另一为鲊海椒，鲜香微辣、微酸散籽，风味独特而厚实，
多用于蒸菜及少数煎炒菜品。

"酿"是一种用时间加工的工艺，既是时间酝味，也是时间的韵味，辣椒从新鲜状态到干制、泡制、酿制恰好是不同时间长度的滋味，从辣椒树上摘下来第 1 天的鲜香鲜辣，晒制 3~15 天的干香辣，泡制 100~200 天的酸香爽辣，到酿制 15~1825 天的酱香醇辣。

最具时间滋味当属郫县豆瓣酱，红褐色的油润外表让人看了就联想到酱香与醇厚感，但滋味变化多样的川菜不会只有一种酿制的辣椒酱，时间从短到长分别有水豆豉、家制豆瓣酱、鲊辣椒、红油豆瓣、金钩豆瓣、香油豆瓣、火腿豆瓣等，还有郫县豆瓣，为 1~5 年的陈酿级豆瓣。

玩转酿辣椒

酿辣椒的代表就是豆瓣酱，四川人通常把"豆瓣酱"简称为"豆瓣"，其他类型的酿辣椒都是豆瓣工艺的简化或延伸，如红油豆瓣、金钩豆瓣、鲊海椒、家制鲜豆瓣等。豆瓣酱烹制的菜品之所以能够成为川菜菜系中的特色佳肴，主要是原料性质有着独特的酱香与醇厚口味，因而形成了川菜具有代表性的味型——家常味。家常味的菜肴，在整个川菜中占有很大一部分的比例，其中有豆瓣酱做主要调味的菜也非常之多，如川菜第一家常菜：回锅肉、盐煎肉、豆瓣鱼、家常海参、家常蹄筋、豆瓣狮子头等。

豆瓣酱传统盛装容器为竹箱子，极具特色，但制作上耗工费时，无法与现代包装竞争，在郫县仅剩少数人家会制作。

豆瓣酱

豆瓣酱的种类较多，川菜范围内也有许多市县有豆瓣厂，不同地方酿制的豆瓣能带给菜品不同的风味特色，但在菜品的作用上与郫县豆瓣大同小异，菜品都有共同的特点，即色泽红亮、咸鲜微辣、香醇浓厚，就因为豆瓣的普遍性与细腻处的差异，使得这一"家常味"演变成川菜的一个味型名字。

豆瓣酱可以炼制成豆瓣红油，与拌凉菜常用的红油辣椒不一样，有鲜明的酱香味，主要用于热菜中增色调味的作用，使菜品呈色更红亮、更诱人食欲。

传统以郫县豆瓣为主的豆瓣酱家族，在菜肴调味中，多数是作为一个味道的基础结构角色，而与特定辣椒类型混合使用及加上适当调料，就像各种建材、装饰材料，在基础结构上修筑出让人爱不适口的各种味型，如豆瓣味、家常味、麻辣味、鱼香味、红油味等。

今日科技进步让工艺有了更多可能性，加上各菜系调辅料的互通有无，当代川厨们

传承前述传统川菜构建复合味的逻辑，大胆结合省内外各种辣椒、辣酱、酱料，使得味型变化更多元，调味方法更多样、巧妙，大大补充川菜调味技术的新活力，而能在新时代里创造出川菜的"新"一菜一格，百菜百味特色。

豆瓣酱之烹调应用

川式豆瓣酱用于烹调菜肴，色泽红亮诱人、咸鲜微辣、酱香醇浓，其中以郫县豆瓣效果最佳，烹饪运用中只需掌握两个烹调技巧，就能达到最佳风味效果。

第一，做菜前必须将其用刀剁细或者用肉泥机等工具绞成细蓉再开始烹调，因酿制豆瓣酱时，辣椒、胡豆瓣都不是细碎状，颗粒较大，直接使用则成菜颜色不红亮，香醇味出不来，且辣椒和胡豆瓣料渣会让成菜显得粗糙，形象不佳。

第二，豆瓣酱蓉只能用中小火煵炒至香且油红味醇，这样才能完全展现豆瓣酱制作菜品的色、香、味。若用火过猛，极易把豆瓣酱炒焦，菜品的颜色、味道都会大打折扣。

因此若是高频率的使用，可一次性将一定量的豆瓣酱绞蓉，随取随用，但储存时要避免豆瓣酱蓉表面过干，若直接用干豆瓣酱烹调，成菜色泽、口味都会很差。此时可以在豆瓣酱蓉中入一些菜籽油拌匀，约豆瓣酱蓉的1/10重量，再倒入适量菜油淹没豆瓣，即可避免风干且隔绝空气，使豆瓣酱的品质与香味不会散失。若意外使豆瓣酱干掉，可直接加入适当的清水搅匀后使用，但效果不如油润状态的豆瓣酱。

郫县豆瓣

从工艺的角度来说几乎任何地方都能制作豆瓣，但能做出好豆瓣的地方就有限，成都郫县（现名为郫都区）是公认最佳的环境，所酿制的豆瓣称为"郫县豆瓣"，市场占有率超过八成而成为豆瓣酱的代名词，主要涉及产地整年温湿度的变化是否恰当，环境菌种群是否有利于豆瓣酿制。

郫县豆瓣酱的使用极为普遍，多简称豆瓣或郫县豆瓣，郫县豆瓣是不断发酵的一种调味品，如酒类、酱油等酿造发酵一样，时间长短决定其风味品质与口感，酿制时间越久价格也越高，陈酿二年、三年郫县豆瓣价格是一般红豆瓣的几倍。因此实际烹调运用中，应根据不同菜品特色要求，选择不同酿制时间的豆瓣，否则菜肴的口味就得不到预期效果。

郫县豆瓣的制作工艺主要分三个步骤，首先是将胡豆（蚕豆）去壳、浸泡、蒸煮后，霉化5~7天制成曲，再加入醪糟或白酒涨发后，霉化5~7天。其次是将鲜红二荆条辣椒去蒂把洗净、剁成粗末，加入食盐拌匀，装缸发酵；最后加入发酵好的胡豆瓣子再次发

郫县豆瓣分级标准：

特级产品： 深红褐色，油润有光泽，酱酯香、辣香浓郁，辣味醇厚，瓣粒香而化渣，回味深长。酿制时间2~5年。

一级产品： 红褐色，略油润有光泽，酱酯香辣香味鲜明，具鲜辣感，瓣粒香而化渣。酿制时间为1~2年。

二级产品： 鲜红褐色，有光泽、酱酯香，鲜辣而香，瓣脆化渣。酿制时间6~12个月。

郫县豆瓣等级划分并不是指品质高低，而是风味划分，因此要以菜品需要选择适当的豆瓣等级。

郫县豆瓣酿制时间长短的颜色差异，左边是3个多月，中间是8~10个月，右边则是13~14个月。

川菜第一菜"回锅肉"。

酵，以晴天晒、雨天盖、白天翻、夜晚露的管理原则发酵数月到数年即成。

酿制时间长的豆瓣酱，由于日晒夜露时间久，表面看似会发黑，但酱香香醇度比时间短的更醇厚，一般来说酿制一年以上的豆瓣酱酱香味浓郁，主要用于烧菜、炒菜，但是颜色稍微偏暗。一年以内的新豆瓣或红油豆瓣酱香味轻，主要用于炒菜、凉拌或炒火锅底料，成品颜色红亮。

为取得酱香、鲜香、颜色的平衡，通常会将老豆瓣与新豆瓣混合后使用，兼顾酱香、鲜香，颜色也不会太深。

豆瓣酱混合使用不限于同类型豆瓣，可不同类型相混合以取得需要的酱香、鲜香、颜色效果，如郫县老豆瓣与家制鲜豆瓣混合或元红细豆瓣酱与红油豆瓣酱混合使用。

其他常见豆瓣酱

豆瓣酱的使用大同小异，主要差别在部分豆瓣酱必须烹调后才能吃，如郫县豆瓣、火锅豆瓣，部分则是可以直接蘸食或凉拌，如金钩豆瓣、香油豆瓣。

火锅豆瓣：此类也是传统豆瓣，为取得对麻辣火锅来说相对较佳的色香味效果，混合不同酿制时间郫县豆瓣的豆瓣酱，取酿制时间短的色与辣及酿制时间长的香与味，早期是由火锅业者自行调配，后因市场扩大，各豆瓣厂就顺势推出有自己特色配比的火锅专用豆瓣产品。

红油豆瓣：红油豆瓣酱选用新鲜红二荆条辣椒制作，属于发酵时间较短的豆瓣酱，一般是不超过一个月，因此水分较多，为能延长保存时间，短时间日晒发酵后拌入食用油或炼熟的凉菜籽油即成，家庭做法也有拌入油后小火熬熟的，利用食用油隔绝氧气作椒的色素减缓氧化、保持红亮，因此食用油被红亮辣椒色素染成红色，故称为红油豆瓣，颜色红亮、价格便宜是其优点，但酱香味较弱，现部分厂家为做出产品差异，添加的食用油会加入八角、肉桂、茴香等多种香料炼香，以赋予红油豆瓣不同的香气。

金钩豆瓣：以郫县豆瓣酱工艺为基础酿制的豆瓣酱，加入金钩(小虾米)再次发酵，就能酿成有海鲜咸鲜味的金钩豆瓣，滋味香辣不燥、酱香味浓，可直接食用或做菜，最出名的当属四川资阳临江寺所酿造的。

香油豆瓣：将一般豆瓣酱酿制到一定程度后，加入芝麻油再次发酵后就是香油豆

本书制作期间作者师徒亲手制作菜品。

瓣，最出名当属四川资阳临江寺所酿造，其味道香辣不燥、酱香味浓，可直接食用下饭，也可当调料烹制佳肴。

家制豆瓣：也叫家制鲜豆瓣、家制鲜辣酱、阴豆瓣，为川菜地区家庭自酿的鲜辣豆瓣，工艺相对简单，没有经过日晒夜露的长时间酿制，只需密封后置于阴凉处酿制1~2个月即可，也因此得名阴豆瓣，其风味是鲜香中带酱香，辣感舒爽别具一格，是烹制家乡风味、乡土风味菜肴必用的辣味酿制调料之一。

元红豆瓣：属于短时间发酵的豆瓣酱，色泽鲜艳红亮、鲜辣味足，用途与红油豆瓣一样，做法略有差异，因此也被称为红油豆瓣。主要用于家常风味菜肴的制作，也常同郫县豆瓣混合使用，主要作用是提色增辣。选用新鲜红二荆条辣椒，剁碎后加入发酵并涨发的胡豆瓣及食盐、干红花椒、菜籽油，充分搅拌后于阴凉处放置15天即可用。

鲊海椒

鲊海椒是四川人习惯称呼，就是鲊辣椒，"鲊"（音同眨）的原意是"盐、椒等腌制成的鱼类食品"，后延伸泛指"腌制品"。过去没有冰箱、冷库可以长时间储存、保鲜，只能利用"盐"作为主要防腐添加物，四川地区的人们以此让盛产于夏季的辣椒可以被保存、食用到寒冬季能吃上鲜辣椒的一种加工储存方法。

在四川民间常见的"鲊海椒"做法是将鲜青辣椒、红辣椒（如鲜二荆条、牛角椒等）去蒂洗净、晾干水分，用刀剁成细颗粒状，然后用加盐拌匀，腌渍约5小时，挤干水分，再加入炒制磨碎的五香米粉或干玉米直接磨制而成的玉米粉，再加适量白酒拌匀，入坛密闭发酵40天左右即成鲊辣椒。

制作鲊辣椒用的辣椒，无论青红色，都是初秋的辣椒最佳，属于辣椒产季尾声，川人称之为"秋辣椒""收尾辣椒"，特点是辣味较烈一些，因秋辣椒中辣椒籽多，辣味更加浓郁，其次是皮硬、肉质厚实，水分也较少，鲜吃口感稍差但利于腌渍去水；最后则是秋辣椒价格相对便宜，更适合大量购买制成鲊辣椒以作为冬粮。

鲊海椒属于半发酵的辣椒调料，成品微辣带酸，多用于蒸制肉类、鸡、鱼等菜肴，也可用于炒制风味菜品，风味十分独特。蒸制一般是直接将鲊海椒铺在食材上或是像粉蒸肉一样让鲊海椒裹在食材上，放入蒸笼蒸熟即可。

若是用于炒制菜肴，基本原则是要将鲊海椒用油炒香、散籽，才能突显鲊海椒的特色，但不能炒干，炒干了入口后感觉满嘴渣，口感不佳。

重庆市酉阳县的鲊海椒与川西最大差异就是只用红辣椒制作，成菜色泽橙红诱人、风味独特，菜品为鲊海椒烧白及鲊海椒炒鸡蛋。

川辣必学的秘制调料

家制豆瓣酱（又名阴豆瓣、家制鲜豆瓣）

▌原料

鲜二荆条红辣椒 5000 克，川盐 1250 克，霉豆瓣（种曲蚕豆瓣）1000 克，凉开水 1000 克，汉源干红花椒 100 克，八角 15 克，生菜籽油 1500 克

▌制作流程

1. 霉豆瓣放入盆中，加入川盐 250 克及凉开水，拌匀后静置约 3 小时泡发，发透后捞起沥水、备用。

2. 鲜二荆条红辣椒洗净，晾干水分，去蒂后剁成碎末（也可以用机器绞成碎末），放入盆中。

3. 将川盐、发透霉豆瓣、干红花椒、八角、菜籽油加入盆中的鲜二荆条红辣椒末里，拌匀成辣椒酱。

4. 把拌和好的辣椒酱放入坛中封闭，静置发酵 30 天左右即可取用。

5. 发酵过程中也可将辣椒酱放在阳光下晒制，适时翻匀，香味更浓。

▌技术关键

1. 选用上等的新鲜二荆条辣椒，以当天采摘的、色红、肉质饱满最佳。

2. 川盐一定要放得足够，过少易变酸、变味而腐败。

3. 存放辣椒酱时，表面一定要用菜籽油浸没，能长时间不变质，又可以增加辣椒酱的酱香味。

4. 同样做法，不加霉豆瓣即成家制鲜辣酱。

水豆豉

▌原料

干黄豆 500 克，食盐 12 克，贵州子弹头辣椒粉（见 P057）150 克，白酒 50 克，凉开水 600 克

▌制作流程

1. 干黄豆用清水浸泡 6 小时，淘洗干净，沥干水分备用。

2. 将沥干水分的黄豆放入宽盆中，上蒸笼大火蒸 30 分钟，取出晾凉。

3. 用稻草或黄金树枝叶盖在熟黄豆上面，发酵制曲 3~5 天。

4. 去掉稻草或黄金树枝后，将发酵后的黄豆加入食盐、贵州子弹头辣椒粉、白酒、凉开水拌匀，放入坛内再次发酵 20 天即成。

▌技术关键

1. 干黄豆需要提前浸泡至充分吸水，完全涨透。

2. 浸泡后的干黄豆蒸制时间不宜太长，以免影响水豆豉的口感，以刚熟为宜。

3. 发酵时间一定要充分，水豆豉的霉菌风味才浓郁。

鲊海椒（又名渣海椒）

▍原料

鲜二荆条红辣椒 400 克，鲜二荆条青辣椒 600 克，川盐 30 克，大米（在籼米）350 克，白酒 15 克，五香粉 0.5 克

▍制作流程

1. 二荆条红辣椒及二荆条青辣椒去蒂把，洗净控干水，再用刀剁成二粗状的辣椒末，纳入盆中。

2. 大米入干净锅内小火慢慢炒黄至熟，出锅放凉，再剁碎成小米大小的粗粉末状备用。

3. 将食盐、白酒、五香粉加入盆中与辣椒末拌匀。

4. 拌入大米粗粉，装入坛中，封口后静置在阴凉处发酵 40 天左右即成。

▍技术关键

1. 米粉最好自己按照比例炒制，成品口感会更佳。

2. 辣椒必须先用控干净水分，再用刀剁成粗末，夹带过多的生水容易腐败。

3. 调制好的鲊海椒务必完全发酵，成品风味才浓郁。

豆瓣红油

▍原料

郫县豆瓣酱 500 克，生姜 25 克，大葱段 50 克，干红花椒 5 克，色拉油 1500 克

▍制作流程

1. 把郫县豆瓣酱剁成细蓉，生姜拍破。

2. 色拉油下入锅中，中大火烧至六成热，加入郫县豆瓣酱、拍破生姜、大葱段、干红花椒，转小火炒约 20 分钟至油红、味香，无豆瓣的生冲味即成。

▍技术关键

1. 要使豆瓣红油炒出达到最佳效果，炒制火候要把握得当，要用中小火，豆瓣下锅前将

目前郫县主要的豆瓣发酵晒坝形式，左边是传统露天人工翻搅的晒酱场，中间是露天机器翻搅的晒酱场，右边是能防虫的温室型机器翻搅的晒酱场。

炒锅烧热炙好，避免粘锅而有部分烧焦。

2. 豆瓣刚下锅时要不停地用铲子翻炒，至没有粘锅现象时再改成小火低温炒。豆瓣酱充分散发香味和颜色的油温为 120℃ 左右。

3. 切忌火候过大，容易炒焦，避免炒制时间太长，否则极易造成豆瓣渣在水分挥发后焦掉或发黑变苦，直接影响豆瓣红油的品质和色泽。

4. 豆瓣红油使用在一些传统家常川菜中的炒菜、烧烩菜中，可大大地减少烹饪过程中炒制豆瓣酱的时间，提高出菜速度，使菜肴成菜效果达到红中透亮的色彩，咸鲜醇香微辣的口味，并且减少豆瓣料渣，成菜出品干净明快，使用起来相当方便。

香辣酱

▌ 原料

郫县豆瓣 50 克，香辣辣椒粉（见 P058）50 克，豆豉 50 克，酥花生米 150 克，白芝麻 20 克，大蒜 25 克，生姜 15 克，白糖 25 克，五香粉 15 克，生抽 15 克，色拉油 500 克，花椒油 5 克

▌ 制作流程

1. 将郫县豆瓣、豆豉、大蒜、生姜分别剁成细末；酥花生米压成碎末。

2. 锅内放色拉油中火烧至五成热，放入大蒜末、生姜末炒香，下入郫县豆瓣、豆豉小火炒约 3 分钟至香。

3. 接着放入辣椒粉、白糖、五香粉、生抽炒出香味后加入酥花生碎、白芝麻、花椒油翻匀即成。

▌ 技术关键

1. 炒制香辣酱料时火力不宜过大，过大容易将原料炒焦而产生焦味，炒的时间过短郫县豆瓣的香气出不来。

2. 条件许可下，可自己选几种辣椒进行调配、炒制，加工成独具特色的辣椒粉，成品风味会更具特色。

豆豉辣酱

▌ 原料

豆豉 400 克，郫县豆瓣 100 克，香辣辣椒粉（见 P058）25 克，花椒油 15 克，白糖 20 克，大蒜末 35 克，生抽 50 克，熟菜籽油（见 P286）150 克。

▌ 制作流程

1. 豆豉、郫县豆瓣分别用刀剁成细蓉。

2. 炒锅内放熟菜籽油，中大火烧至五成热，转中火，放入大蒜末炒制至蒜末酥香，下入豆豉蓉、豆瓣蓉炒约 2 分钟至出香。

3. 转小火后放入辣椒粉、白糖，继续炒约 1 分钟，放入花椒油、生抽炒匀即成。

四川专门制作辣酱的作坊，每家风味各有特色。

187

▋ 技术关键

1. 豆豉、豆瓣须剁成细蓉，用机器绞成蓉效果更佳也更快。

2. 炒制火候须控制火力，不宜过大，以免炒焦变味。

3. 豆豉辣酱以小火慢慢炒至干稠度合适为好，过干使用不方便，若过干可适当加些生抽稀释调制，但风味就要差一些。

4. 花椒油宜最后放入，不宜多，主要起着提味的效果。

麻辣干锅酱

▋ 原料

郫县豆瓣 500 克，二荆条干辣椒 150 克，干七星椒 100 克，干红花椒 50 克，五香粉 20 克，白糖 150 克，生姜 25 克，料酒 35 克，醪糟汁 100 克，大蒜 35 克，大葱 35 克，生抽 250 克，花生酱 25 克，鸡精 15 克，色拉油 1000 克。

▋ 制作流程

1. 干辣椒用沸水煮约 40 分钟至完全涨透，捞出沥干水分，同郫县豆瓣一起剁成蓉。干红花椒用清水浸泡几分钟，用刀铡成碎末。大蒜、生姜拍破，大葱切长节。

2. 锅内放色拉油大火烧至五成热，先将大蒜、生姜、大葱入油锅炸香后捞出。

3. 接着放入剁碎的豆瓣辣椒蓉炒至酥散后，加入料酒、醪糟汁、白糖继续炒至香且呈油亮的红色后，放花椒末、花生酱、生抽、五香粉，继续炒至酥香。

4. 再加入适量的清水，将锅内所有料搅成浓稠状，加入鸡精调味搅匀。出锅装入盛器内密封 2~3 天即可使用。

▋ 技术关键

1. 干辣椒可按需要的香味、辣味调整比例。成品可作为各式香锅、干锅菜品的调味料。

2. 干辣椒在制作糍粑辣椒时，一定要将辣椒煮涨透，呈滋润状。否则入锅炒制时容易焦、色泽不够红亮。

3. 炒酱料的火候一定要用小火慢炒，才能使各种调料的滋味充分释放与相互融合。

4. 也可在最后添加适量花椒油或藤椒油增加麻香味。

5. 炒制过程中一定用勺或锅铲不停的搅动，否则容易出现调料粘底，如果出现锅底粘连出现焦味，这整锅底料将会报废。

060

辣酱白菜

色泽红亮，鲜辣爽口

【川辣方程式】 家制鲜辣酱＋豆瓣红油＋家常豆瓣味＋腌

川菜凉菜中使用生菜的比例很高，如麻酱凤尾、凉拌折耳根、搓椒三月瓜、芥末春卷等，或许是因为天府之国水丰田美，蔬菜都长得脆生细嫩的；再就是味型多样，让更多鲜蔬不经火烹也能美滋滋的。

▌烹调流程

1. 白菜洗净，切成粗约 0.5 厘米的条，用川盐、花椒拌匀，静置腌 30 分钟后挤干水分，放入盆中。

2. 家制鲜辣酱剁成细蓉放入碗中，加豆瓣红油、味精、菜籽油调匀，再拌入白菜内，装盘即成。

▌大厨秘诀

1. 白菜不宜切得过细，口感较弱且整体形状不好看。

2. 腌的时间要充足，再尽可能的挤干水分，避免成菜后出水，影响成菜口味。

3. 可根据地方饮食偏好和习惯，酌情调入少许白糖。

4. 豆瓣红油的量要有度，多了，豆瓣红油的味盖去白菜本味且成菜看起来油腻；少了，滋味寡薄，不滋润。

每到七八月，成都的街头就能偶遇制作家制豆瓣的人家，以手工的方式制作属于"家"的香辣滋味。

▌食材·调料

白菜 400 克，家制鲜辣酱（见 P185）15 克，川盐 5 克，花椒 1 克，味精 2 克，菜籽油 30 克

061

蒜蓉辣酱蒸鲫鱼

色泽红亮，蒜味浓郁，鱼肉细嫩

【川辣方程式】 自制蒜蓉辣椒酱＋蒜香鲜辣味＋蒸

　　鲫鱼分布广泛，体型不大，肉质细而鲜美，对许多百姓来说是经济实惠的优质食材。四川地区的人们每到夏初，鲜红辣椒盛产之际，就会做些蒜蓉辣椒酱、鲜豆瓣，做好后放1~2天，让调味充分融合即可为三餐增添鲜滋味，适度陈放也能酝酿出舒服的酱香，可谓一举两得。

▌食材·调料

鲫鱼3条（约500克），干荷叶1张，家制蒜蓉辣椒酱（见P233）100克，川盐2克，料酒10克，葱段35克，姜片15克，胡椒粉1克，白糖5克，鸡精2克，香油5克，小葱花10克，色拉油50克

▌烹调流程

1. 鲫鱼宰杀、清理干净，接着在鱼身表面剞上一字花刀，置于盘中，加入川盐、料酒、葱段、姜片、胡椒粉码匀入味，约5分钟。

2. 家制蒜蓉辣椒酱调入白糖、鸡精搅匀成味汁。

3. 荷叶剪成适当大小，放入竹笼内，摆上码好味的鲫鱼，去掉姜片、葱节不用，淋上味汁，入蒸笼内大火蒸6~8分钟取出，撒上小葱花。

4. 净锅入色拉油，大火烧至七成热，出锅浇在鲫鱼上成菜。

▌大厨秘诀

1. 家制蒜蓉辣椒酱本身就有足够的咸度，调制时不需再加盐，以免过咸。

2. 蒸制火候宜大火蒸制，时间必须控制好，不宜蒸制过久，导致肉质变老。

3. 若有鲜荷叶更佳，色泽翠绿美观。

【香辣小知识】鲫鱼，俗名鲫瓜子、月鲫仔、鲋鱼、寒鲋、细头、土鲫，是常见的淡水鱼。较不为人熟悉的是鲫鱼在经过人工养殖和选育后可以产生许多新品种，其中观赏鱼类"金鱼"就是一种生物学上称为"指名亚种"的品种。

四川自贡以井盐闻名，无论市区还是市郊都还有很多与井盐开采相关的天车、老设施、遗迹。图为著名的大公井遗址（现已成为民居）及周边部分留存的遗迹。

062

旱蒸回锅肉

色泽红亮，入口干香，家常味浓厚

【川辣方程式】郫县豆瓣酱+香辣酱+家常味+蒸+炒

　　旱蒸手法多用于将生肉制熟，其"旱"字是相对于沸水来说，实际上还是靠蒸汽加热至熟。旱蒸的效果较沸水煮来说，肉本身的鲜香甜更浓些，沸水煮则部分被稀释到汤水中。

　　一般炒制回锅肉的火力不可过大，必须以温火慢炒出干香味，且更加入味而不腻，这一过程四川俗称"熬"，因此回锅肉又称为熬锅肉。

▌食材·调料

猪二刀坐臀肉350克，蒜苗75克，郫县豆瓣酱20克（剁细），红花椒粒1克，料酒5克，醪糟汁15克，香辣酱15克，酱油10克，白糖10克，生姜片10克，化猪油25克

▌烹调流程

1. 猪二刀坐臀肉洗净后擦干，抹上醪糟汁，盛入盘中再放上红花椒粒、生姜片，入蒸笼中大火蒸30分钟左右至熟透，取出晾凉。

2. 放凉的熟猪二刀坐臀肉切成3毫米厚片，蒜苗切成约2.5厘米的斜节。

3. 锅内放化猪油，大火烧至五成热，下猪肉片煸炒干水分至吐油。

4. 下料酒翻炒，再下剁细郫县豆瓣酱、香辣酱、白糖、酱油，炒至猪肉上色入味，最后放蒜苗炒匀起锅，装盘即成。

▌大厨秘诀

1. 猪肉应选用带皮、肥三瘦七的后腿二刀猪肉。用带皮的三线五花肉也可，只是成菜后肉片的形不够规整。

2. 猪肉切片时应厚薄、大小均匀，不能穿孔、零碎，否则影响成菜美观。

3. 旱蒸的时间不可太长，以免肉太熟、太烂。炒制过程中容易粘锅，无法保证成菜的形态完美。

4. 炒的火力不可过大，以免炒焦，影响成菜的风味和口感。

四川农村坝坝宴总是热闹非凡，大菜以蒸菜、扣菜为主，俗称三蒸九扣，再搭配几样滋味丰富的凉菜、小炒荤菜，满足了每一个人的胃。

063

家常脆皮鱼条

色泽红亮，鱼香味浓郁，外酥里嫩

【川辣方程式】 郫县豆瓣酱＋泡二荆条辣椒＋泡椒家常味＋炸、淋

此菜品做法、调味有通用性，主食材不限定使用草鱼，各类鱼均可，原则上以细刺少或无刺的最佳。

泡椒家常味体现了酸甜微辣中有着鲜明的酱香、酸香，相较于纯鱼香味，整体味感更加厚实，可适应的鲜鱼品种就多些，是巴蜀地区的常见菜品。

▌食材·调料

鲜草鱼 400 克，葱花 70 克，香菜 15 克，鲜汤 200 克，川盐 3 克，料酒 10 克，郫县豆瓣酱 20 克（剁细），泡二荆条辣椒末 20 克，白糖 15 克，生抽 5 克，陈醋 10 克，味精 3 克，姜末 10 克，蒜末 15 克，面粉 150 克，清水 125 克，水淀粉 40 克，色拉油 1000 克（约耗 125 克）

▌烹调流程

1. 将鲜草鱼整理净，切成长约 8 厘米、厚 1.5 厘米的长条，用川盐、料酒码味。取一碗放入面粉及清水，搅匀成面粉糊。

2. 锅中下入色拉油，大火烧至六成热，鱼条入面粉糊码匀挂糊，依次下入锅中炸至成熟定形，捞出。

3. 待油温升至八成热，再将鱼条入热油锅中炸至皮脆色金黄，捞出装盘。

4. 另取净锅下色拉油 50 克，中火烧至五成热，炒香剁细的郫县豆瓣酱、泡椒末，炒至油色红亮后，下姜末、蒜末炒香，掺鲜汤烧沸。

5. 调入川盐、白糖、生抽、味精，用水淀粉勾芡收汁，出锅前下陈醋搅匀，淋在鱼条上，撒上葱花、香菜即成。

▌大厨秘诀

1. 鱼条上面粉糊宜干一些。面粉糊太稀鱼条挂不住糊，炸时易脱浆；但太稠就不容易裹在鱼条上。

2. 炸制鱼条时，必须分两次炸，以达到外脆内嫩的质地、口感。第一次低温炸鱼条的目的是定形并制熟；第二次高油温炸则是让鱼条上色、外皮酥脆。

3. 白糖和陈醋不宜过重，甜酸味过重会掩盖鱼肉的鲜味。

4. 豆瓣和泡椒须剁细蓉，成菜口感、色泽更加美观。

贵州遵义市现有辣椒种植面积 200 万亩，干辣椒产量 40 万吨，主要种植七星椒、小米椒、子弹头等朝天椒类的品种，皱椒、二荆条等线椒类品种较少。图为遵义绥阳县辣椒风情。

064

红汁烩三蔬

色泽红亮分明，鲜香脆爽

【川辣方程式】 郫县豆瓣酱＋红小米辣椒＋家常味＋烩

一道菜品价值的高低，除了食材之外，就属烹调技术了。这里的主食材是三种极为普遍的食材：青笋、胡萝卜、土豆，如何让人在平凡中吃出感动？除了精选食材外，以刀工美形，使用郫县豆瓣酱、红小米辣椒、牛肉汤等滋味厚或鲜明的调料，让食材本身的清鲜与调味相互调和，也就是说将食材本位当作调味的一部分，得到一个完整而意想不到复合味。

▌食材·调料

青笋150克，胡萝卜150克，土豆150克，郫县豆瓣酱35克，红小米辣椒15克，川盐4克，胡椒粉2克，鸡精5克，味精3克，辣鲜露10克，牛肉汤400克，水淀粉20克，色拉油50克

▌烹调流程

1. 将青笋、胡萝卜、土豆分别去外表粗皮，切块后修切成橄榄形。红小米辣椒剁细。

2. 分别将三种颜色的橄榄蔬菜入沸水锅中焯一水出锅，备用。

3. 锅内放色拉油，上中火烧至五成热，下入剁细的红小米辣椒、郫县豆瓣酱炒至油色红亮、出香，掺入牛肉汤，煮沸后熬约3分钟。

4. 捞去红亮牛肉汤中的料渣，放入三种颜色的橄榄形蔬菜，加川盐、胡椒粉、鸡精、味精、辣鲜露调味，再用水淀粉收芡汁，推匀起锅即成。

▌大厨秘诀

1. 在刀工处理上，修切三种蔬菜时应大小一致，才显得精致。

2. 焯水时，蔬菜质地不同最好分开煮，煮制时间也不同隔，土豆的时间要长一些，其次是胡萝卜，最后是青笋；分开煮还能避免三种不同的颜色蔬菜交叉染色，影响出品色彩。

3. 成菜用水淀粉勾二流芡汁即可，不能过浓，否则成菜不够清爽。

4. 红小米辣椒也可以切成细圈，量不能过多，多了成菜太辣，尝不到蔬菜的鲜甜味。

自贡旭水河的中桥建于清嘉庆年间，是当时井盐运输的水上枢纽之一，位于今日贡井区贡井老街旭水河顺岩碥路段，连接的古道则是往来雷公滩的主要通道，现在只剩下中桥到自贡油毡厂这一小段。

065

牛肉酿萝卜

成菜雅致，家常味浓郁而清爽

【川辣方程式】 郫县豆瓣酱＋香辣酱＋豆瓣家常味＋蒸＋淋

萝卜本身粗实，熟透后鲜香回甜，质地细腻微透，可以很好的烘托填酿在其上的主料。这里牛肉以香辣酱及未炒熟的豆瓣酱调味，滋味厚实又不失鲜香，成菜后与萝卜一起食用才不会显得寡淡，层次才丰富。

▌食材·调料

白萝卜500克，净牛肉50克，鸡蛋1个，淀粉25克，郫县豆瓣酱25克（剁细），香辣酱20克，川盐2克，姜末5克，葱末5克，胡椒粉1克，料酒2克，味精2克，鸡精2克，水淀粉15克，色拉油50克

▌烹调流程

1. 白萝卜去皮，切成厚约2.5厘米的块，适度修整，使大小一致；接着用挖勺在每块萝卜中间挖一个圆孔，入沸水锅中煮熟捞出，一一摆在蒸盘中备用。将鸡蛋黄及鸡蛋清分开，备用。

2. 净牛肉剁成细蓉，加入郫县豆瓣酱、香辣酱、川盐、姜末、葱末、胡椒粉、料酒、味精、鸡精、鸡蛋黄、色拉油搅匀后加淀粉15克拌匀。

3. 鸡蛋清中调入淀粉10克成蛋清糊，抹在每块萝卜圆孔内。

4. 将拌入味的牛肉蓉，挤成丸子大小，填酿在萝卜圆孔内，入蒸笼，大火蒸约10分钟至熟，取出摆入盘内。

5. 将蒸盘中的萝卜原汁下入锅内，勾少许水淀粉成二流芡，淋在萝卜上即成。

▌大厨秘诀

1. 萝卜应切成大小、厚薄均匀的块，成菜才美观。

2. 萝卜用模具挖空煮熟后，抹上蛋清糊前，先用干净棉布吸干萝卜块水分，否则成菜后牛肉容易脱落，影响出品的效果。

3. 蒸制的时间不能太长，以牛肉丸刚刚熟透为宜。蒸制的时间太长萝卜过软，成菜后容易不成形。

4. 香辣酱不能太多，因为香辣酱中含有盐，容易出现成菜味道偏重而影响应有的爽口滋味。

位于眉山市的洪雅县之茶叶产量、品质都不亚于雅安市的名山县，只有熟门熟路的茶客、茶商才懂得到洪雅挖宝。图为洪雅县的茶园。

066

翡翠鸭肠卷

色泽红亮，入口脆爽，鲜辣开胃

【川辣方程式】 家制豆瓣酱＋鲜辣酱＋鲜辣味＋煮＋淋

　　鸭肠是一个对火候十分敏感的食材，只有火候恰当才能呈现鲜脆、滋润带嫩的口感，鲜辣味本身的明快辣感恰恰好可以进一步强化口感印象；而将熟鸭肠缠卷在芦笋上，不仅有形，更显精致，芦笋的鲜脆多汁也让口感有了层次。

　　这里使用轻度发酵的家制豆瓣酱调味，取其清新的酱辣香，辅以没有发酵的鲜辣酱增加香辣层次，又有足够醇厚的滋味，避免熟鸭肠在味不足时容易吃出异味的问题。

重庆石柱县部分辣椒种植区位于县内的藤子沟水库周边，为水源保护地，种植只能采无农药化肥的有机农法，辣椒田里杂草较多，没细看会以为是荒地，但其辣椒质量绝佳，就是产量较低。图为藤子沟水库一景。

食材·调料

鸭肠 250 克，芦笋 200 克，家制豆瓣酱（见 P185）15 克，家制鲜辣酱（见 P185）35 克，生姜 10 克，川盐 3 克，白糖 5 克，蒜末 5 克，味精 3 克，料酒 10 克，花椒油 1 克，生菜籽油 25 克

烹调流程

1. 鸭肠洗净；芦笋修成 6 毫米长的节，备用。

2. 取净锅内放清水至八分满，上大火，加入料酒、生姜（拍碎）烧沸，下入洗净的鸭肠氽水、烫熟，捞出沥水。

3. 另取净锅，下入清水约 750 克，加入川盐烧沸。再下芦笋节煮断生，捞出在冰水中漂凉备用。

4. 将鸭肠分别卷在每根芦笋上，成鸭肠卷，摆入盘内。

5. 家制豆瓣酱剁细入碗，调入川盐、白糖、蒜末、味精、花椒油、生菜籽油搅匀成味酱，淋在鸭肠卷上即成。

大厨秘诀

1. 氽鸭肠的水一定要多、火力要大、水要沸腾。鸭肠焯水的时间不可过长，否则鸭肠口感的脆爽度不佳。

2. 鸭肠卷得大小、长短均匀一致是成菜美观的关键。

3. 芦笋氽水时水一定要多、火力要大、水要沸腾。氽水后的芦笋应该马上投入冰水中浸泡至凉，芦笋才能保持鲜绿色。

4. 淋酱料时只淋在鸭肠上，芦笋部分不淋，才能保持成菜红绿相间，外形美观。

烹调流程

1. 青笋嫩尖洗净、沥干水分后，用刀将青笋嫩尖修切成凤尾形，即用刀将嫩茎划成四瓣，不能切断，备用。

2. 将切好的凤尾青笋尖在沸水中加川盐焯一下，用冷水冲凉，挤干水分，摆入盘内。

3. 金钩豆瓣剁成细蓉，加入芝麻酱、白糖、豆瓣红油、味精、芝麻油调匀后，淋在凤尾青笋尖上即成。

大厨秘诀

1. 青笋嫩尖的茎须修去外表粗皮，只留少许叶子。成菜外形才够美观。

2. 青笋嫩尖入锅焯水时间不可太长，大火、水滚沸且量足，一定要保持绿色，成菜口感才脆爽。

3. 调味不能过咸，因为豆瓣中含盐量较重，必须能吃出蔬菜本身的清香味。

4. 豆瓣红油不可放多。否则成菜容易感觉腻。

067

豆瓣凤尾

口感脆爽，豆瓣风味浓郁，红绿相间

【川辣方程式】 金钩豆瓣＋豆瓣红油＋豆瓣味＋焯＋淋

　　简单而美好最能诠释这道菜！纯粹的豆瓣滋味将凤尾，即油麦菜的清脆甜香烘托得淋漓尽致。其中金钩豆瓣是在豆瓣酿制中后期加入属于海味的金钩（干的小虾米），集香、辣、咸、鲜、甜为一体，调入适量的豆瓣红油，滋味丰富，味道饱满，且淡淡的海鲜滋味让整体的清鲜感更鲜明。

食材·调料

青笋嫩尖250克，金钩豆瓣25克，豆瓣红油（见P186）15克，川盐3克，白糖5克，芝麻油3克，芝麻酱10克，味精1克

每到六七月鲜红二荆条上市之际，许多农贸市场都会有专门代客斩辣椒做豆瓣酱的摊摊，去蒂把、斩碎、加川盐、加霉瓣子或老豆瓣酱等程序一气呵成。

068

河水青豆花

色泽粉绿，清香爽口

【川辣方程式】 熟油辣子＋二荆条烧辣椒＋麻辣味＋点＋拌

　　豆花对于四川人来说是一种情结！象征着贵客、好友、好事临门，对小孩来说就是有好吃好喝的。一般制作豆花必须在宴客前一天就洗豆、泡豆，当天磨浆、煮开，随即以盐卤点成豆花，在物质不丰富的年代，可说是最能象征"情义重"的一道菜。

　　除了纯用黄豆做豆花，还能在黄豆中加入鲜青豆，一样磨成豆浆即可制成粉绿的青豆花；加黑豆磨豆浆点出来的豆花就是灰青色的黑豆花。您也可试着加其他豆类做出与众不同的豆花。

食材·调料

干黄豆500克，鲜青豆1000克，盐卤洹水50克，纯净水6千克，川盐5克，味精3克，鸡精5克，熟油辣子100克，酱油50克，汉源红花椒粉5克，二荆条烧辣椒碎100克，小葱花10克

烹调流程

1. 干黄豆洗净用冷水浸泡12小时后，加入鲜青豆再淘洗干净，加入纯净水6千克搅拌均匀，入磨浆机内磨成豆浆备用。

2. 豆浆下入大锅，中火烧沸，撇去浮末，关火备用。盐卤洹水加纯净水50克稀释，用勺舀10克洹水在豆浆面上以匀而慢的速度滑转，滑转中让洹水与豆浆适度混和，当勺中看不见洹水后，再重复前面的动作。

3. 直到当豆浆锅面飘起一层层棉花团状的漂浮物，豆浆汤汁变清澈时即可停止往锅中加洹水。

4. 取一小筲箕，从锅边往中间慢慢将棉花状的漂浮物收紧，适时舀出多余的豆腐水。再用刀在锅中将团紧的豆腐花改刀画成小方块即成豆花。

5. 取一碗，加入川盐、味精、鸡精、熟油辣子、酱油、汉源红花椒粉、二荆条烧辣椒碎，搅拌均匀，再分成小碟，放上小葱花即可配豆花食用。

在四川，部分地区喜欢吃石膏卤点的豆花，口感较滑嫩，香气轻。这些地区多半是山多的地方，也许是交通不便不易取得盐卤。而石膏卤可用石膏矿石（四川地方名为崖盐或岩盐）制作，对处于有石膏矿石的山区人们来说十分便利，也形成一种偏好。图为地方县城农贸市场售卖的石膏矿石。

大厨秘诀

1. 干黄豆最少须提前6小时以上用清水完全涨发好备用，充分涨发的黄豆豆浆出品率才高。

2. 市售盐卤洹水浓度不一，稀释的清水量须适度增减，稀释至不怎么涩口、感觉不到苦为准，即可开始入锅点制。未稀释的盐卤洹水涩口发苦，直接点制，豆花的出品率不高，质地也很死板，不嫩。

3. 豆花原本清香爽口无味，吃豆花主要依靠蘸料烘托出豆香与鲜甜。豆花可以配麻辣味、香辣味、酸辣味、家常味等蘸料食用。

4. 二荆条烧辣椒做法见“烧椒皮蛋”。

【香辣小知识】盐卤，又称卤水、洹水，胆水、苦卤、卤碱。将井盐水烧制出盐后，残留在锅中的无水液体在冷却后的结晶即是卤块。主要成分为氯化镁、氯化钠、氯化钾、氯化钙、硫酸镁和溴化镁等。四川多数地区偏好用盐卤作为豆花、豆腐的凝固剂，制成的豆花较有弹性和韧性，豆花入模压出一定水分后即成豆腐，有较高的硬度、弹性和韧性，一般称为板豆腐或老豆腐。

3. 沥干黄喉片，放入盆中，下入水豆豉、家制蒜蓉辣椒酱、川盐1克、白糖、芝麻油、味精、美极鲜味汁拌匀，盛入盘中，再撒上葱花即成。

大厨秘诀

1. 黄喉焯水时，水要宽、多而沸腾，火力大，焯水时间不可太长，略烫、断生即可，以保持脆爽的口感。

2. 掌握家制蒜蓉辣椒酱制作与风味特点是美味关键，另外辣椒酱和水豆豉用量不宜过多，成菜容易过咸而影响味觉。

3. 掌握好咸味度，也可加一点陈醋调节口味。

069

水豆豉拌黄喉

豆豉家常味浓，入口咸鲜微辣

【川辣方程式】水豆豉＋家制蒜蓉辣椒酱＋豆豉家常味＋拌

　　外地人对四川水豆豉较陌生，但说起日本纳豆多数人都认识，这两者实际是相同的黄豆发酵品，差别在于四川人用姜、辣椒给它调了味，日本纳豆则无，相较之下水豆豉更容易被接受。水豆豉独特的发酵味道让许多人疯狂喜爱，也有人唯恐避之不及，这里加入家制蒜蓉辣椒酱调味，增加滋味丰富度，也能适当降低水豆豉独特的发酵味道，保留菜品该有的风格。

食材·调料

水发黄喉200克，水豆豉（见P185）25克，家制蒜蓉辣椒酱（见P233）20克，仔姜50克，葱花5克，川盐3克，白糖10克，美极鲜味汁10克，味精3克，芝麻油15克

烹调流程

1. 水发黄喉改刀成佛手片，用沸水焯一水后，投入冰水中凉透，备用。

2. 仔姜切片后用川盐2克腌渍约5分钟，放入盆内。

新疆地广人稀，炎热干燥的戈壁滩是天然烘干机。每年八到九月中，戈壁滩上晒辣椒的场景十分壮阔，令人难忘。图为石河子的戈壁滩。

烹调流程

1. 老豆腐用刀修切成熊掌形厚片；猪五花肉切薄片；蒜苗切节。

2. 炒锅下色拉油，开中火烧至五成热，放入熊掌形豆腐片，半煎半炸至两面呈金黄色，起锅。

3. 五花肉片下锅炒香，放家制豆瓣酱、郫县豆瓣酱、黑豆豉、料酒、姜片、蒜片炒香出色，掺入鲜汤烧沸。

4. 放入白糖、酱油、味精、豆腐片小火烧入味，汤汁将干时下水淀粉勾芡，下蒜苗略烧，断生后起锅成菜。

大厨秘诀

1. 豆腐一定要选用老一点的泹水豆腐，质地扎实，容易成形，豆香味浓。

2. 煎制火候要控制好，要煎成金黄色，切不可煎焦发黑，影响成菜色泽美观。

3. 青蒜苗宜快起锅时放，断生即可，色泽翠绿才好，体现成菜的鲜活生态。

070

熊掌豆腐

色泽红亮，家常味浓郁

【川辣方程式】 家制豆瓣酱＋郫县豆瓣酱＋家常味＋烧

　　一道寻常的烧豆腐为何以古代山珍之一的"熊掌"为名？一说是因豆腐煎炸至两面金黄后烧入味，滋味、口感有如熊掌而得名。另一种说法是唐玄宗微服出巡到四川为百姓做事的传说有关，百姓们想以山珍设宴，一时找不到熊掌，于是将豆腐刻成熊掌状，先煎炸后烧成菜，唐玄宗一尝即知是豆腐，但了解百姓的真诚也没说破，这道菜就流传了下来。

食材·调料

老豆腐 400 克，去皮猪五花肉 40 克，蒜苗 50 克，姜片 5 克，蒜片 5 克，家制豆瓣酱 20 克（剁细）（见 P185），郫县豆瓣酱 20 克（剁细），白糖 2 克，料酒 3 克，黑豆豉 10 克，酱油 15 克，味精 2 克，鲜汤 200 克，水淀粉 20 克，色拉油 75 克

设于成都太古里的方所书店就隐藏于千年名刹大慈寺下方，前卫而充满艺术的空间规划，对于一个来了就不想走的城市而言，人们又多了一个理由留下来！

071

豆瓣狮子头

入口细腻，回味甜酸，色泽红亮

【川辣方程式】郫县豆瓣酱＋泡二荆条辣椒＋小甜酸家常味＋炸、蒸、淋

　　川式狮子头的质感要求以细腻为上，因此其肥瘦肉的比例为1:1，避免过度搅打，确保口感柔和，与川圆子细致柔和的要求相似，先炸后蒸，成菜滋味主要靠淋汁。多数狮子头以咸鲜味为主，此处利用郫县豆瓣与泡辣椒调制出甜酸感鲜明的家常味，更加开胃爽口，醇厚的滋味让人更有满足感。

食材·调料

猪肥肉 180 克，猪瘦肉 180 克，马蹄 35 克，香菇 20 克，油菜心 4 棵，鸡蛋 1 个，淀粉 25 克，鲜汤 300 克，料酒 20 克，酱油 10 克，鸡精 2 克，郫县豆瓣酱 20 克，泡二荆条辣椒末 20 克，川盐 5 克，胡椒粉 3 克，姜末 5 克，葱花 5 克，白糖 15 克，陈醋 10 克，蒜末 5 克，味精 2 克，色拉油 1000 克（约耗 75 克）

烹调流程

1. 猪肥肉切成豌豆大的颗粒，猪瘦肉用刀剁细，马蹄、香菇分别切成颗粒。

2. 将肥肉粒、瘦肉末、马蹄粒、香菇粒放入盆中拌匀，加鸡蛋液、淀粉 15 克、川盐、胡椒粉、姜末调匀，搅打成肉蓉。

3. 锅内放色拉油，大火烧至七成热，下入肉蓉做成直径 5~6 厘米的大圆子，炸至表面金黄捞出。

4. 炸好的圆子放入碗内，加入鲜汤、料酒、酱油、鸡精，入笼蒸约 60 分钟，熟透后捞出狮子头放深盘内，原汤汁留用。

5. 另起一沸水锅将菜心余水，围在狮子头肉圆子外围。原汤汁放入白糖、川盐、陈醋、味精、淀粉 5 克搅匀成味汁，备用。

6. 另起净锅，放色拉油 25 克，大火烧至五成热，放入剁细的郫县豆瓣酱、泡二荆条辣椒末，炒至油色红亮。

7. 接着放入姜末、蒜末炒香，掺入步骤 5 味汁收浓，放小葱花推匀，浇在狮子头上即可。

大厨秘诀

1. 猪瘦肉只需剁成颗粒状，但颗粒不能过大，令圆子表面呈凹凸状即可，成菜后才有口感才细腻有层次。猪肉剁的太细则圆子表面光滑，成菜口感单一。

2. 郫县豆瓣酱一定要剁细，泡椒也需要剁细，否则会影响成菜的精致度及出品的颜值和美感。

3. 白糖、陈醋不能过多，以小甜酸味即可，不能掩盖猪肉的鲜香味。

4. 可在炒汁后，用漏瓢沥出豆瓣及姜蒜渣子，成菜更干净明快，但会失去部分浓郁厚重的风味。

凉山州西昌市全境海拔 1500 米以上，夏季均温在 25℃以下，冬季无酷寒又日照充足，因而成为四川人的夏日避暑圣地，冬日的阳光城。图为西昌邛海湖风景。

072

家常臊子牛筋

色泽红亮，咸鲜为辣，入口滋糯

【川辣方程式】郫县豆瓣酱＋红小米辣椒＋家常味＋烧

　　川菜中，臊子蹄筋有两种烧法，一是这里介绍的慢烧，一是更考验火工的干烧。

　　此菜用郫县豆瓣作为家常味的基础，加入小米辣椒增加鲜辣感，突出鲜香层次，通过小火慢烧入味，再勾芡收汁，成菜鲜香滋润。若是干烧，则菜名为"干烧臊子蹄筋"，最大的差异在收汁，干烧收汁是小火把汤汁烧到干稠，成菜风格就变成干香糯口。

▌食材・调料

水发牛筋 350 克，猪肉末 50 克，郫县豆瓣酱 20 克（剁细），红小米辣椒粒 15 克，姜末 10 克，蒜末 10 克，芹菜粒 25 克，蒜苗粒 20 克，川盐 3 克，白糖 5 克，酱油 10 克，料酒 15 克，鸡精 5 克，花椒油 3 克，芝麻油 3 克，水淀粉 35 克，鲜汤 450 克，色拉油 75 克

▌烹调流程

1. 水发牛筋切成小一字条，下入烧沸的鲜汤（350 克）中，以小火煨约 10 分钟。

2. 锅内放色拉油中火烧至五成热，下猪肉末炒熟、散籽，再放郫县豆瓣酱、红小米辣椒粒、姜末、蒜末，炒至油色红亮、出香后，掺入鲜汤 100 克烧沸。

3. 放煨好的牛筋及川盐、白糖、酱油、料酒、鸡精推匀，小火慢烧入味，再用水淀粉勾芡收汁，最后淋入芝麻油、花椒油、撒上芹菜粒、蒜苗粒翻炒均匀，起锅装盘即成。

▌大厨秘诀

1. 水发牛筋一定先用鲜汤煨透，以去除牛筋的膻味，并让牛筋成菜更加鲜美入味。

2. 郫县豆瓣酱必须剁细蓉，成菜色泽才够红亮、美观。

3. 勾芡汁不宜过稀，亮汁为佳。

4. 红小米辣椒粒不可多放，以免辣味太烈而影响成菜的口感和味觉。

雅安市汉源县不仅出贡椒，更是水果种植大县，每年开春，漫山遍野的梨花、桃花、李花、樱桃花、苹果花，因此又有"花海果乡"的雅名。

073

软炸粉蒸肉

外酥里嫩，入口酥香，家常味浓

【川辣方程式】 红油豆瓣酱＋郫县豆瓣酱＋五香家常味＋蒸＋炸

　　粉蒸肉是一道极受欢迎的蒸菜，吃来滋润软和，将粉蒸肉拿来软炸的创意则是来自一道传统菜"炸蒸肉"，同样将肉片先蒸得炯糯，再油炸成菜，咸鲜中多了丰厚的酥香。

▌食材·调料

猪五花肉 500 克，蒸肉米粉（见 P287）100 克，面包粉 50 克，鸡蛋 2 个，红油豆瓣酱 20 克（剁细），郫县豆瓣酱 20 克（剁细），醪糟汁 15 克，甜面酱 10 克，豆腐乳 15 克，白糖 10 克，老抽 15 克，花椒粉 5 克，五香粉 5 克，葱花 10 克，姜末 15 克，色拉油 50 克

▌烹调流程

1. 猪五花肉连皮切成厚约 0.4 厘米的片，纳入盆中。

2. 锅上中火，下入色拉油 50 克烧至五成热时，下入剁细的红油豆瓣酱、郫县豆瓣酱炒香至油色亮红，出锅倒在猪肉片上。

3. 调入醪糟汁、甜面酱、豆腐乳、白糖、老抽、花椒粉、五香粉、葱花、姜末，码拌五花肉片至调料均匀蘸裹，再放入蒸肉米粉拌匀，成蒸肉坯。

4. 将拌好的蒸肉坯在蒸盘内铺平成方形，入蒸笼，用旺火蒸约 60 分钟，取出晾冷。

5. 取两盘，一个磕入鸡蛋并搅匀，一个铺上面包粉，备用。

6. 锅入色拉油至七分满，大火烧至五成热时，将蒸熟晾凉的蒸肉，一片片蘸上鸡蛋液，再裹匀面包粉，接着下入油锅中炸至表面金黄酥香，捞出沥油装盘即成。

▌大厨秘诀

1. 郫县豆瓣酱、红油豆瓣酱先炒香、出色的目的是增香并去除豆瓣中的生辣椒味。

2. 掌握拌米粉的干湿度，可酌情加水。拌得太干，成菜后会因米粉吸水太少而出现夹生，产生不舒服的顶牙口感；拌得太稀，成菜后米粉无法裹在肉片上，成菜香味、口感寡薄。

3. 炸制粉蒸肉时油温不宜过低或太高。油温过低面包粉容易脱落、吸油，口感差又发腻；油温太高容易将粉蒸肉上面的面包粉炸得焦煳，影响成菜色泽和滋味。

成都的都江堰有 2200 多年历史，以引水灌溉为主，兼具防洪、水运、供水等作用，至今仍正常运转。水利工程主要分为堰首和水网两个系统，堰首部分包括鱼嘴、飞沙堰、宝瓶口等三大主体及内外金刚堤、人字堤等其他附属建筑。成都平原之所以成为闻名天下的"天府之国"就是受益于都江堰的水网系统。图为俯瞰都江堰堰首及周边景致。

【香辣小知识】川菜的油炸工艺可细分六种，食材不拍粉挂糊直接入锅炸至熟为清炸；拍干粉、挂稠糊炸为干炸；挂稀糊、酥料炸成外酥里软嫩为软炸；挂脆浆糊、裹酥皮料炸为酥炸；低温油入锅加热至炸透为浸炸；食材不入油锅，只用热油淋透为淋炸。

074

旱蒸豆瓣瓦块鱼

色泽红亮，质地细嫩，家常味浓

【川辣方程式】 家制豆瓣酱＋郫县豆瓣酱＋豆瓣家常味＋蒸

　　此菜家常做法是将鱼剖半后切大块，呈现弧形大块犹如瓦片般而得名，这里将鱼块适当切小，成菜更加精致美观，更适合宴客。

　　蒸制时在鱼块上盖一片网油可以让成菜的鱼肉吃起来更加细腻滋润，同时增加脂香味，特别是早期河鲜都可说是野生鱼，季节不对时油脂较少，肉质容易发柴，在蒸鱼时多半要裹上一层猪网油。

■ 食材·调料

草鱼1条（约750克），网油50克，家制豆瓣酱20克，郫县豆瓣酱20克，生姜5克，葱节15克，料酒5克，醪糟汁10克，姜末15克，蒜末15克，葱花10克，生抽10克，川盐3克，味精3克，陈醋15克，白糖10克，水淀粉45克，高汤100克，色拉油50克

■ 烹调流程

1. 将草鱼去鳞理净后，剃去粗鱼骨，斜切成瓦片状鱼块，纳入盆中。家制豆瓣酱、郫县豆瓣酱剁细，备用。

2. 鱼块调入料酒、川盐、生姜（拍破）、葱节码味，用网油盖上后入笼蒸约八分钟至熟，取出去掉网油，盛入盘内。

3. 锅内放色拉油，中火烧至五成热时，下剁细郫县豆瓣酱和家制豆瓣酱炒至油色红亮，再放入姜末、蒜末，炒出香味，掺高汤烧沸。

4. 放入醪糟汁、川盐、生抽、白糖、味精调味，再用水淀粉勾芡收汁，下入葱花、陈醋搅匀成浓芡汁，淋在鱼块上即可。

■ 大厨秘诀

1. 掌握好蒸鱼时间，不可过久。鱼蒸的时间过久肉质较老、口感发柴；蒸的时间太短鱼肉不易熟透，容易影响品质。

2. 炒制前先将郫县豆瓣酱用刀剁成细蓉，郫县豆瓣酱太粗会影响成菜质感。

3. 掌握白糖、陈醋的用量，成菜特点应是回口鲜美略带甜酸的感觉，过重的甜酸将影响鱼肉的鲜美。

冬日里，来一份热乎、口感松软而甜香的老成都蒸蒸糕（又名梆梆糕），就能感受到老成都人的小幸福。

旱蒸鲊海椒茄

咸鲜微辣，鲊海椒风味浓厚

【川辣方程式】 鲊海椒＋微辣咸鲜味＋旱蒸

　　茄子本身有独特的鲜甜味，又十分滋润，适当的调味就好吃。此菜以旱蒸的手法确保茄子滋味不流失，鲊海椒一部分垫底蒸透，充分释放味道；一部分盖在蒸好的茄子上用热油激，一来去除生味，二来激出香味，并保有一定的颗粒感。食用时先略微混和就能形成有层次的口感。

▌食材·调料

茄子500克，鲊海椒100克，川盐2克，蒜末5克，葱花10克，色拉油50克，红甜椒1个

▌烹调流程

1. 茄子削去外表粗皮后切成大一字条状；红甜椒去籽切成细粒。

2. 将川盐及鲊海椒50克、蒜末3克、一半量的红甜椒粒同茄条拌匀，放入盘内摆齐。

3. 茄条入蒸笼内大火蒸约八分钟，至熟透，取出后铺上鲊海椒50克，撒下蒜末2克和剩余的红甜椒粒。

4. 炒锅上大火，放色拉油烧至七成热后，将热油浇在鲊海椒、红甜椒粒、蒜末上，撒上葱花即成。

▌大厨秘诀

1. 茄子可以不用去皮，但成菜显得口感粗糙；去皮茄子上笼锅，宜用旺火蒸5~6分钟，蒸制时间不能太长。时间蒸的过久茄子容易上水、软烂，影响成菜的风味。

2. 因为鲊海椒也含有盐分，调味时要考虑到鲊海椒的咸度，适度增减盐的使用，避免成菜口味过咸。

3. 成菜最后浇热油的油温避免过低，否则激不出香辣椒的清香味。另外油量不能太多，油过多会油腻。

李庄古镇初设于明朝，因抗日战争期间有大学及研究机构等六所内迁至此而闻名，现保留有诸多明清建筑特点的庙宇、殿堂、古戏楼、古街道、古民居。图为古镇生活风情。

076

荷叶粉蒸鲶鱼

色泽红亮，质地细嫩爽口

【川辣方程式】 郫县豆瓣酱＋渣辣椒＋家常味＋蒸

　　渣辣椒即鲊海椒，是辣椒碎加炒熟的米粉发酵而成，有独特的鲜酸香、口感独特。过去没有太多的保鲜设备时，盛产的辣椒只能想法子、变花样保存，才能在接下来的日子中随时有得吃。

　　将蒸肉米粉加同是用米粉做的渣辣椒混合作为粉蒸料，极具风格，特别是主食材为鱼肉时，渣辣椒的酸鲜味更进一步提鲜增香。

食材·调料

鲶鱼 500 克，鲜荷叶两张，蒸肉米粉 75 克，郫县豆瓣酱 30 克（剁细），鲊海椒（见 P186）25 克，料酒 10 克，姜末 10 克，花椒粉 5 克，老抽 10 克，豆腐乳 10 克，白糖 5 克，蒜末 5 克，葱花 5 克，色拉油 25 克

烹调流程

1. 鲶鱼宰杀处理干净后，宰成大一字条状，纳入盆中。

2. 锅入色拉油，上中火烧至六成热，下剁细郫县豆瓣酱炒香且油色红亮后出锅，加入鲶鱼的盆中。

3. 加入鲊海椒、料酒、姜末、花椒粉、老抽、豆腐乳、白糖、蒜末、葱花拌匀，再加入蒸肉粉和匀。

4. 将鲜荷叶分别用刀划成适当的片，逐个包入鱼条并封严，入蒸笼内大火蒸约 25 分钟，取出即成。

大厨秘诀

1. 鲶鱼刀工处理的条、块过大或过小都会产生入蒸笼后不能与蒸肉米粉同步蒸熟的现象，会大大影响成菜的品质和口感。

2. 拌味不可过咸。因为郫县豆瓣酱、鲊海椒自带盐分，拌味之前必须事先了解各种调味料的咸度、性能。

3. 蒸制时间应适当调整，时间过久鱼肉会失去嫩度，蒸的时间太短蒸肉米粉无法熟透。

我们熟悉的长江并非从高山源头就被称为"长江"，而是金沙江与岷江在宜宾城区汇合后，至此才开始称"长江"。图为宜宾城区的金沙江、岷江汇流口，左边为岷江，正前方即长江，右边为金沙江。

豆瓣肘子

色泽红亮，入口滋糯，家常风味浓郁

【川辣方程式】红油豆瓣酱＋豆瓣家常味＋烧＋淋

　　四川百姓传统宴席称之为田席，又名坝坝宴、九斗碗，多数菜肴以蒸的方式至熟或成菜，因此田席菜式又总结为三蒸九扣，其中一道大菜就是整的肘子菜，常见味型有姜汁味、鱼香味、家常味。这里在郫县豆瓣为基础的家常味基础上添加糖、醋成为甜酸风格的家常味，滋味更加顺口、滋润。

▍食材·调料

带骨猪肘 1 个（约 1000 克），菜心 200 克，葱 20 克，水淀粉 15 克，红油豆瓣酱 30 克，料酒 35 克，生姜 15 克，干红花椒粒 2 克，川盐 6 克，白糖 25 克，陈醋 20 克，酱油 20 克，味精 3 克，姜末 10 克，蒜末 10 克，八角 2 克，化猪油 20 克，色拉油 50 克

▍烹调流程

1. 猪肘去净残毛、清理、刮洗处理干净，入沸水锅焯一水备用。

2. 将猪肘放入锅内，渗水淹过，加入料酒、生姜（拍破）、干红花椒粒、葱节、川盐、白糖、八角、酱油，开大火烧沸后，转中小火慢烧 1.5 小时，烧至软烂后捞入盘中。

3. 炒锅放入化猪油、色拉油，中火烧至五成热时，下入红油豆瓣酱炒出红亮颜色后，加入姜末、蒜末炒香，加入烧肘子原汤汁约 200 克，烧沸。

4. 调入白糖、味精、水淀粉、陈醋，搅匀烧开后用水淀粉勾成浓芡汁，出锅淋于烧好的肘子上。

5. 肘子四周用烫熟的菜心围边点缀，撒上葱花即成。

▍大厨秘诀

1. 猪肘必须用大火烧净残毛，再刮洗干净。这样可以去除部分毛腥味。

2. 猪肘子上的颜色不宜过深，以接近豆瓣的酱红色为宜。色泽太重不能久放，成菜容易发黑、发暗，影响食欲和美观。

3. 掌握好白糖和陈醋的用量，不能过多，以肘子成菜的滋味回口略带酸甜即可，才能突出体现肘子的鲜美。

在郫县几乎家家都会做豆瓣，只是陈豆瓣管理复杂且时间长达一两年，较少自己制作，家庭少量制作多是做鲜豆瓣，平常说的郫县豆瓣即是陈豆瓣。近年郫县更名为郫都区，但豆瓣依旧称郫县豆瓣。图为专业豆瓣厂家改进传统工艺，专门设计来酿制郫县豆瓣的阳光厂房。

078

豆瓣瓜饺

咸鲜微辣，外滑里嫩

【川辣方程式】 家制豆瓣酱　豆瓣家常味　蒸　淋

　　过去食材调辅料的运输不发达时，厨师都要在熟悉得不能再熟悉的工艺、食材、菜品中变出让人惊艳的菜品！这里将冬瓜切成夹刀片替代寻常的面粉饺子皮，以酿、裹、蒸的工艺成菜，淋上用炒香的家制豆瓣酱烹制的味汁，端上桌后，似饺非饺，充满食趣。

▍食材·调料

冬瓜 400 克，猪肥瘦肉 75 克，鸡蛋黄 2 个，淀粉 30 克，家制豆瓣酱 25 克，川盐 2 克，姜末 3 克，葱末 3 克，料酒 5 克，生抽 3 克、味精 1 克，水淀粉 30 克，色拉油 500 克（约耗 75 克），清水 100 克

▍烹调流程

1. 冬瓜去外表粗皮，切成火夹片，修成半月饺形。

2. 猪肉剁细，加料酒、姜末、葱末、鸡蛋黄、川盐、生抽、味精、淀粉 15 克调匀成肉馅。另将淀粉 15 克铺于干盘中，备用。

3. 将冬瓜火夹片一一填酿入肉馅成饺子生坯。饺子生坯整体蘸裹一层淀粉，置于抹了油的蒸盘上，上蒸笼，大火蒸约 15 分钟至熟，摆入盘内。

4. 净锅上火入色拉油大火烧至五成热时，下入剁细的家制豆瓣酱，炒香并呈红亮颜色时，掺入清水 100 克烧沸，调入川盐、味精，再下水淀粉勾芡，搅匀出锅，淋在蒸好的瓜饺上即成。

▍大厨秘诀

1. 冬瓜片不可过薄，煮熟后的冬瓜肉容易碎；冬瓜切的太厚煮熟后不方便夹肉馅。

2. 酿馅心不能太多，多了冬瓜饺不好包，也不好收口，影响成菜美观。

3. 勾豆瓣芡汁不能太稠。太稠影响食欲，太稀芡汁挂不上原料。

4. 瓜饺熟成也可改成裹蛋清淀粉糊后油炸再淋汁，滋味亦佳。炸制瓜饺的油温要掌握好，不可过高，高了容易将粉糊炸焦。

为什么夏天熟成的瓜，却名为冬瓜呢？据说是因为瓜熟后，表面有一层白粉状的东西，像冬天的白霜而得名，因此冬瓜又称白瓜。图为凉山州德昌县以吊瓜法种植的粉皮冬瓜。

079

竹笼粉蒸排骨

色泽红亮，入口软糯

【川辣方程式】 郫县豆瓣酱＋红油豆瓣酱＋五香家常味＋蒸

粉蒸菜最大的特点就是滋味厚实、有满足感，关键就是起到乘载各种滋味作用的米粉，这米粉要带均匀的米碎粒，所以蒸肉菜好坏看外观就知道，看蒸好后的粉是否软糯而有形，糊成团的都不及格。此菜使用郫县豆瓣酱赋予此菜的回味及香味，红油豆瓣酱则是增加成菜的红亮色泽，两种豆瓣酱混合使用能让层次更丰富。用到粉蒸菜中的豆瓣酱或带颗粒的调料都须剁成细蓉，整体口感才细腻一致。

▌食材·调料

猪排骨 500 克，五香蒸肉粉（见 P287）100 克，郫县豆瓣酱 20 克（剁细），红油豆瓣酱 20 克（剁细），姜末 10 克，葱花 15 克，料酒 5 克，醪糟汁 15 克，酱油 10 克，甜面酱 5 克，花椒粉 8 克，白糖 15 克，豆腐乳 15 克，鲜汤 50 克，菜籽油 150 克

▌烹调流程

1. 猪排骨洗净后用刀斩成寸节，再用流动水冲洗干净血水后沥干，置于盆中。

2. 锅上大火，入菜籽油烧热至六成热时转中火，下入剁细的郫县豆瓣酱、红油豆瓣酱炒香，当颜色红亮后出锅，下入排骨的盆中。

3. 接着加入料酒、醪糟汁、酱油、姜末、花椒粉、甜面酱、豆腐乳、白糖、鲜汤、五香蒸肉粉拌匀，静置 15 分钟，使其入味。

4. 将入味后的排骨铺在蒸笼中，待上气后放上蒸笼，以旺火蒸制 60 分钟左右至熟透、炤糯，取下蒸笼，撒上葱花即成。

▌大厨秘诀

1. 选择肉厚实、粗细均匀的肋条排骨，俗称"精排""签子骨"，刀工处理时要求长短均匀。

2. 排骨拌味时须正确掌握各种调味料的用量，切忌过咸，因为郫县豆瓣酱、豆腐乳等都自带咸味。

3. 排骨在蒸制的过程中不可关火断气，一气蒸熟。若是断气，容易出现蒸肉粉半生半熟的状态，影响成菜的口感。

四川凉山州是彝族主要聚居区，为云贵高原到四川盆地的过渡带，海拔最高为 5958 米，最低为 305 米。猪是彝族的主要肉品来源，山上人家多采用放牧式养殖，虽非知名品种，肉质却极佳。

麻辣江湖：辣椒与川菜

甲鱼泡饭

入口软糯、汤汁浓厚鲜美

【川辣方程式】 郫县豆瓣酱＋家常味＋烧

　　甲鱼是鳖的俗称，也叫团鱼、水鱼，不仅是餐桌上的美味食材，还可当作中药材入药。

　　甲鱼最美味的部分是裙边，即硬壳外围的胶质，经过适当的烧制后，胶质融入滋味丰富的汤汁中，淋在米饭上，鲜美浓厚的滋味让人难忘。因烧鱼汤汁胶质重而黏口，搭配的米饭最好选用口感松散不黏的籼米品种，如汉中香米，整体才爽口不容易腻。

■ 食材·调料

大甲鱼1只（约1500克），汉中香米饭适量，山药150克，鲜青豆100克，红油豆瓣酱75克，咖喱酱20克，胡椒粉2克，炟豌豆500克，川盐3克，味精10克，鸡粉15克，白糖4克，老抽5克，白酒3克，财神蚝油20克，小葱花5克，大骨汤2000克，化鸡油200克

■ 烹调流程

1. 大甲鱼宰杀后处理干净，入开水锅中氽煮断生，去净血沫，捞出用清水冲凉，去净甲鱼肉上面的油脂备用。山药切成1厘米的丁，山药和青豆分别入开水锅中氽烫，捞出后以冷水漂凉备用。

2. 锅入化鸡油150克，中火烧热至五成多（约160℃），下入红油豆瓣酱炒香至油红亮，下入炟豌豆炒散，再下咖喱酱、财神蚝油炒匀。加入大骨汤烧沸转小火熬煮5分钟，用漏勺沥去料渣，汤汁倒入高压锅中，备用。

3. 另取净锅入化鸡油50克，大火烧至六成热，下入甲鱼爆炒干水分，烹入白酒、老抽爆香上色。出锅倒入步骤2的汤汁中，下川盐、胡椒粉、味精、鸡粉、白糖调味。

4. 确实盖好高压锅锅盖，上大火煮开后压煮8分钟关火并闷5分钟。

5. 开盖后汤、料全部舀入砂锅内，加入氽烫过的山药丁、青豆，以小火烧10分钟，出锅点缀小葱花，配上汉中香米饭即可。

■ 大厨秘诀

1. 选裙边厚实、宽大、脚上有肉的大黄公甲鱼，成菜口感滋糯。甲鱼太小除去骨头后就没肉了，食用的满足感与口感都欠佳。

2. 甲鱼必须将内脏、肉表面的油脂去干净，否则成菜后口感软绵、腥味较重。

3. 烧甲鱼的火候、时间必须到位，否则成菜时的骨与肉不会轻易脱落分离，影响软糯的口感。

四川泸州市不仅是酒出名，米制小吃更是独具特色，如图依次为蜘蛛粑、白糕、猪儿粑等，滋味鲜香，酥糯、松软、炟糯等口感丰富多样。

081

鲊海椒蒸肉

咸鲜微辣，家常爽口

【川辣方程式】 鲊海椒＋家常味＋蒸

　　四川人习惯称鲊辣椒为鲊海椒，辣椒加米粉发酵而成，是家庭常备的调料。最简单的吃法就是直接炒得熟香后作为下饭菜，咸鲜微辣中有一丝丝酸味，口感是颗粒感的爽口。

　　除了鲊海椒，四川地区还有其他加米粉发酵的特色食材，如鲊肉、鲊鱼、鲊肥肠、鲊土豆、鲊南瓜、鲊茄子等。

▋食材·调料

五花肉 500 克，鲊海椒（见 P186）100 克，生姜 3 克，葱花 5 克，干红花椒粒 10 粒，川盐 3 克，白糖 10 克，料酒 15 克，老抽 20 克，色拉油 500 克（约耗 50 克）

▋烹调流程

1. 五花肉用火烧焦表皮，刮洗干净，放入锅中加清水至淹过肉，上大火，加生姜（拍破）、料酒 10 克煮熟，捞出并擦干水分。

2. 熟五花肉抹上老抽，锅上大火，下色拉油烧至七成热，炸至皮呈金黄色捞出，放入净水中浸泡至皮皱时捞出。

3. 用刀将五花肉切上连皮不断的刀纹，呈菱形状，不能切穿肉皮。

4. 将五花肉块皮向下摆入蒸碗中，将料酒、盐、老抽、花椒、白糖加色拉油 10 克调匀，淋在肉块上。

5. 接着将鲊海椒铺在五花肉块上，送入蒸笼，旺火蒸制约 60 分钟，出笼后扣入盘中，撒上葱花即成。

▋大厨秘诀

1. 选用肥瘦相连、不脱层的带皮三层五花肉，成形美观。用火烧肉皮可以去除肉皮表面的残毛，并去除部分肉腥味。

2. 剞花刀不能剞穿肉皮，让猪肉表皮相连，肉呈花刀状，方便入味。

3. 肉皮一定要用高油温炸制成金黄色且表皮呈皱纹状，使肥肉的脂肪减少腻感而增加肉皮滋润感。

4. 鲊辣椒可事先入锅中炒香后再入笼蒸，出品的鲊辣椒香味会更加柔和，完全避免残留生辣椒味。

在成都，只要稍微有点规模和名气的寺庙、公园就必定有茶馆，相较于街巷中的茶馆，空间更宽敞且多有户外座位，更受成都人喜爱。图为文殊院的茶馆风情。

082

鲊海椒炒腊肉

香辣下饭，熏肉味浓

【 川辣方程式 】 鲊海椒＋腌腊味＋炒

　　"腊"是一种保存食物的工艺，将食材盐渍后风干或熏干而成，多需要数天的熏干或数十天的风干时间，因此腊制而成的食物，如腊肉，特别是陈年老腊肉，自带一种时间的味道。今日部分速成腊肉有形，却没了魂，即时间的味道。

　　时间的味道加上发酵的鲊海椒香辣味构成了这道菜的精髓，总能勾起人们儿时的回忆。

▌食材·调料

腊肉 300 克，蒜苗 100 克，鲊海椒 150 克（见 P186），料酒 5 克，味精 1 克，色拉油 50 克

▌烹调流程

1. 将腊肉洗净，下入沸水锅中以中火煮约 30 分钟，捞出晾凉后切成薄片。蒜苗洗净，切成马耳朵节。

2. 锅内放色拉油，中大火烧至六成热，放腊肉片炒香后放入鲊海椒，翻炒至干香，加入蒜苗翻炒断生，下料酒、味精调味后炒匀起锅即成。

▌大厨秘诀

1. 腊肉宜选用半肥瘦的后腿二刀腊肉，肥三成、瘦七成的腊肉成菜口感细腻。

2. 鲊海椒也可以提前炒至干香备用，再加到腊肉里同炒，这样可以减少烹调时间，因鲊海椒含水分较重。

3. 此菜不宜放盐，因为腊肉和鲊海椒都含有盐，味精也可以不放。

4. 腊肉入锅炒制的油温不宜太高，火力不宜太大，容易将腊肉爆炒得太干，使得皮、肉顶牙或干硬。

每到腊月时节，四川家家户户都要做腊肉、香肠，随着社会发展，许多人无法自己做，农贸市场猪肉摊也因应趋势大量制作腊肉、香肠，方便现代家庭，满足大众需要。

083

鲊海椒土豆泥

色泽黄亮，咸鲜微辣，家常风味浓厚

【 **川辣方程式** 】 鲊海椒＋家常味＋炒

一道来自农村的家乡味、朴实无华的菜品，只有土豆及风味独特的鲊海椒，咸鲜微辣，简单中蕴含了万般滋味，因为组成简单，就需要在每个步骤、细节做到极致。

此菜的风味关键在香，用心炒出鲊海椒的酥香、辣香，炒出土豆的清香、甜香，加上滋味融合，才能将风味极大化，让人再三回味。

2. 土豆削皮切成片以后要立刻下锅煮，若没法立即煮就要及时将土豆表面的淀粉用清水冲洗干净，因所含多酚酶容易氧化发黑，会影响土豆泥的色泽。

3. 土豆入锅一定要煮至炽软、偏烂，并且压成无颗粒状泥蓉，成菜口感佳。

4. 土豆泥入锅切忌大火翻炒，以免焦炽而影响成菜口感，同时油脂也不宜过多，否则成菜容易发腻。

食材·调料

土豆500克，鲊海椒100克（见P186），白糖3克，川盐2克，味精2克，小葱15克，色拉油75克

烹调流程

1. 土豆去皮后洗净，切片放入锅内加清水煮至熟软。

2. 将土豆片捞出沥干水分，再用刀面压成泥蓉状。

3. 锅内放入25克色拉油中火烧至六成热，把鲊海椒放入锅内炒至酥香后铲出待用。

4. 锅内再加色拉油50克中火烧至六成热，放入土豆泥慢炒至香，加入川盐、味精、白糖及鲊海椒，继续炒匀、出香后装盘，撒上小葱花即成。

大厨秘诀

1. 最好选用黄心土豆，土豆淀粉含量适中，成菜口感细腻松软，色泽黄亮。

汉源红花椒属南路椒，是历史上唯一连续进贡一千多年的花椒品种与产地。今日汉源花椒质量依旧绝佳，上等好货有着独特而浓郁的甜橙香与细致麻感，但在经济效益的驱使下，汉源经济农业主要靠种植水果。相较于市场需求，汉源花椒种植规模相对小，市场上要买纯粹汉源产的上等南路红花椒并不容易。图为汉源花椒林及采收风情。

084

臊子米凉粉

色泽红亮，香辣开胃，拌饭更佳

【川辣方程式】贵州子弹头干辣椒粉＋郫县豆瓣酱＋
家常麻辣味＋烧

　　米凉粉是在米浆中加入石灰水并加热使米浆变性凝结，产生爽滑的口感，在四川地区是极受喜爱的小吃，可甜可咸，热吃凉吃皆可，吃法多样。

　　针对米凉粉质地细密而滑，不易裹味、入味，调味要相对重些，凉拌酱汁要浓稠才巴味，热菜则要烧足时间才入味，汤汁宜浓不宜稀。此道臊子米凉粉除滋味厚实外，特选香而不辣、辣而不燥的贵州子弹头辣椒入菜，滋味刺激过瘾而舒服。

▌食材·调料

米凉粉 400 克，猪肥瘦肉 50 克，芹菜粒 25 克，青蒜苗花 15 克，贵州子弹头干辣椒粉（见 P057）15 克，郫县豆瓣酱 20 克（剁细）、姜末 10 克，蒜末 10 克，川盐 5 克，酱油 5 克，红花椒粉 2 克，白糖 2 克，味精 3 克，高汤 400 克，水淀粉 75 克，色拉油 75 克

▌烹调流程

1. 猪肉去皮后剁成碎末，米凉粉切成 2.5 厘米的小块。

2. 锅上中火，加入色拉油 25 克烧至五成热，下猪肉末煵炒成脆绍子，出锅备用。

3. 锅内放色拉油 50 克，中火烧至五成热，下入郫县豆瓣酱炒至油色红亮，放辣椒粉、姜末、蒜末炒香，再放脆绍子炒匀并掺入高汤烧沸。

4. 放入米凉粉块，调入川盐、酱油、白糖、味精并推匀，转小火烧入味，再用水淀粉勾芡、下芹菜粒、青蒜苗花轻轻推匀，出锅装盘，撒入花椒粉即成。

▌大厨秘诀

1. 烧米凉粉一定要烧烫、烧入味。条件许可的话，可将米凉粉切块后，下入调味的高汤锅中煮几分钟，一是烧时入味更快，缩短烹调时间；二是去除米凉粉中的碱味。

2. 油色一定要红亮，如郫县豆瓣酱用量较少可适量增加辣椒粉提色。

3. 米凉粉的刀工处理大小均匀，成菜的外形才美观，同时也方便烹调加工。

4. 蒜苗花、芹菜末在出锅前加入才有蔬菜的清香味，成菜后才有鲜活的食欲感。切记不要提前入锅烧，时间久了影响色泽和风味。

宽窄巷子是由宽巷子、窄巷子、井巷子三条平行街巷组成，这里是成都保留下来的较成规模的清朝古街道，青黛砖瓦的仿古四合院落融合现代商业，漫步其中可以感受成都的传统与时尚。

第七篇

鲜辣椒

艳丽鲜爽

鲜辣椒的品种繁多，产地不同、出产季节不同则辣和香的风味也各不相同，
根据菜式的不同风格要求，辣椒的运用也各不相同。
近几年市面上比较流行的江湖川菜、新派川菜，
都喜爱用大量的青二荆条辣椒、红小米辣作为调味料，
成菜色泽鲜亮诱人，入口香鲜辣爽或猛烈，
顿时刺激你的味蕾、挑逗你的食欲，瞬间唤醒你那处于沉睡或疲惫中的味蕾，
打开你的食欲，迎来旺盛吃情，获得舒爽过瘾的满足感。

　　川菜范围内鲜辣椒使用得最多的是偏好鲜辣味的川南，原只是一个地方特色的口味，后因其刺激过瘾的味感大量被江湖菜借鉴和运用，更迎合了年轻人追求刺激过瘾的心理，而迅速在全四川流行起来。

　　近几年市面上比较流行的江湖菜，如蘸水兔、青椒鸡、哑巴兔、仔姜跳跳蛙、生爆大甲鱼、自贡鲜锅兔、鲜椒千层肚等，都使用大量的青二荆条辣椒、红小米辣作为调味料，入口鲜辣爽口或猛烈，顿时刺激你的味蕾、挑起你的食欲，都成为年轻人追捧的口味菜。

刀工加工后的各种形态的辣椒。

玩转鲜辣椒

鲜辣椒一般都作为菜肴辅料或配色，因此又称"菜椒"。从颜色上分有青、红、黄、暗红等多种彩色；从形态及品种上主要有大青椒、羊角椒、牛角椒、灯笼椒、黄柿子椒、大甜椒、红小米辣等。

新鲜辣椒辣味依品种而定，从不辣到极辣都有，多数菜品都能按需要的辣度替换不同品种的辣椒，而清香味突出则是所有新鲜辣椒都具备的特点，红辣椒是鲜清香，清辣椒是生清香，但对川菜来说，辣椒品种的选择，清香味浓郁与否永远是排第一，辣感第二，辣度则是以适口为上，这也说明川菜为何独钟香而辣感适中的二荆条辣椒了，即使是偏好刺激鲜辣感的川南，也只独钟清香味浓的威远七星椒。

新鲜辣椒可单独成菜或做菜肴辅助料，可生切成段、节、颗、圈、条、丝、碎又可烤熟剁碎，调制成各种风味的酱料，传统川菜尖椒肉丝、甜椒鸡丝、青椒皮蛋、酿甜椒、虎皮青椒等均是选用适当品种的鲜辣椒烹制而成的。

辣椒段、节、颗、圈、条、丝、碎

根据菜品味型、风格要求不同，辣椒的运用也各不相同，大致可分为取色、取香、取味三大类，但实际应用中都是三者混用，只是偏重不同。

以取色来说，多选用辣度较低的二荆条辣椒、美人椒等品种或不辣的甜椒品种，切成段、节、颗或片，通过短时间爆炒的手法保留辣椒的鲜艳青、红色，使其大面积出现在菜品中首先起到配色、岔色的效果，其次取香及辣，几乎只用于热菜，因此多数看到辣椒很多的川菜菜品，辣度都不高，使用干辣椒的菜品也有相同的现象。

取香的运用则是以二荆条辣椒为主，视辣度需求搭配七星辣椒、小米辣椒等品种，切成节、颗、小滚刀块、丝、条、圈等，完全取香的多用热油激的方式，兼顾辣味的则是入锅炒出浓郁的香气，部分会采用两次入锅的方式，第一次一部分炒出浓香，第二次

231

起锅前下另一部分加入快炒，取清香又能保色，成菜香气浓郁、辣感适口又兼顾色泽。若是凉菜，则多是切成丝、圈或碎末，因为没有经过烹调，完全靠鲜辣椒本身所散发的香气，品种选择以香气突出的二荆条为主。

取味则指辣感与辣度两者，品种选择上以七星辣椒、小米辣等品种为主，二荆条辣椒作为香气辅助或为辣度更低的美人椒提供色泽辅助，切成小滚刀块、丝、条、圈、碎等，以炒为主，凉菜应用则是切成圈、碎，品种同样以辣味厚而香的七星辣椒、小米辣等品种为主。

鲜辣椒还可以加工成酱来使用，其效果为鲜香、鲜辣并重而回味厚实，以下以辣酱类型分别介绍。

剁椒

剁椒，又名剁椒酱，源自湖南菜系，做法是将辣椒剁碎，加盐、白酒拌匀，入坛密封轻度发酵 10~15 天即可，色泽红亮、鲜辣味浓厚，除了当调味料也可直接拌饭、拌面，鲜辣椒品种视需要的辣度而定，香辣味足的品种都可以，在四川多使用小米辣、二荆条辣椒。烹调时以蒸、炒为主，须与姜、蒜、葱等配合使用，才能产生清辣鲜香的独特风味。无论湘菜还是川菜，剁椒的调味运用已十分普遍并形成一个剁椒风味系列，湘菜知名的代表菜为"剁椒蒸鱼头"，川菜则有开门红，也是蒸鱼头的菜式。

（左）现在有机器辅助，制作剁椒已轻松多了。
（右）烧椒名菜"烧椒茄子"。

烧椒

烧椒又称烧辣椒、烧海椒，是四川人喜爱的一种地道家乡味道，它既是一种味道又是一种烹调手法，主要使用青二荆条辣椒，去蒂把后用铁钎串起来放柴火、炭火上烧至辣椒皮面烟焦发黑状，也可用无油炒锅以大火直接炕至表皮焦黑，趁热去皮及焦黑的部分并剁成碎末，加川盐、生菜籽油、蒜末调味即成，可拌饭又可作为调味料。

烧椒清香宜人，辣而不燥，主要用于一些乡土菜、家常菜的凉拌菜调味，如烧椒皮蛋、擂椒茄子、烧椒牛腱肉、烧椒毛肚等，都是脍炙人口的美味佳肴。

黄灯笼辣椒酱

源自海南岛的黄灯笼辣椒酱常简称黄辣椒酱，近十年多才逐渐地传入四川餐饮业而被川厨广泛使用，黄辣椒酱具有色泽金黄，辣、香、酸、醇的特点，十分符合四川人的口味，川厨们发现黄灯笼辣椒酱特别适宜烹制酸辣口感的半汤汁菜肴，炒香后成菜汤汁色泽金黄诱人，酸香自然爽口，如金汤肥牛、青椒金汤酸菜鱼、黄金大鱼头、酸辣黄喉等，也适用于调制蒸制肉类、鱼虾类的味汁，若能与黄鸡油一起烹制成菜，色泽会更加黄亮，增强菜肴的吸引力。

黄灯笼辣椒及其酱。

川辣必学的秘制调料

剁椒酱

▌原料

鲜红小米辣椒 2.5 千克，鲜红二荆条辣椒 1 千克，去皮大蒜 500 克，川盐 700 克

▌制作流程

1. 鲜红小米辣椒、鲜红二荆条辣椒淘洗干净，沥干水分。

2. 将去皮大蒜及沥干的辣椒倒入剁椒用木桶中，用剁椒铲刀剁成二粗状的末。

3. 剁好后加入川盐拌匀，装入瓦缸内封口后置于阴凉处发酵 30 天后即成色泽红亮、鲜辣味十足川式剁椒酱。

▌技术关键

1. 可根据个人口味及成菜要求，调整辣椒的搭配比例。

2. 洗干净的辣椒需要沥干水分，以免生水造成腐败味。

3. 辣椒和大蒜也可以用机器切，绞成末。

4. 盐一定要加够，否则成品的辣椒与汁水不能很好地混合在一起，汤汁和辣椒会严重分离而影响出品品质。

湖南剁椒酱

▌原料

鲜红小米辣椒 5 千克，大蒜末 200 克，川盐 200 克

▌制作流程

1. 鲜红小米辣椒去蒂把、淘洗干净、控干水。

2. 用刀剁成粗辣椒末。

3. 将粗辣椒末加入大蒜末、食盐拌匀后，封口腌制 30 天即成。

▌技术关键

1. 将鲜红小米辣椒换成鲜黄贡椒即是湖南黄剁椒。

2. 应置于阴凉处腌制，以免过度发酵或腐败。

3. 腌制完成的剁椒酱要放在冰箱冷藏保存，以低温抑制发酵，口味才能维持相对的稳定，否则一天一个味。

家制蒜蓉辣椒酱

▌原料

新鲜红二荆条辣椒 500 克，大蒜瓣 200 克，川盐 100 克，白糖 50 克，白酒 40 克，色拉油 250 克

▌制作流程

1. 将鲜红二荆条去蒂把，洗净后晾干水分，再用刀剁成碎末，大蒜瓣剁成碎末。

2. 锅中放水至五分满，大火烧沸，下入剁碎的辣椒快煮约 45 秒，捞起沥水后倒入盆中。

3. 加入川盐、白糖调味，倒入蒜末、白酒、色拉油全部拌匀，装入容器，封口静置 1 天即成。

▎技术关键

1. 蒜蓉加入锅中后切忌在锅内煮得过久，应随即关火。

2. 辣椒、大蒜可用肉泥机绞成碎末，效率高又省力。

3. 油脂须淹过辣椒酱，才不会变质，油脂在辣椒表面上相当于保鲜膜。

4. 此酱可用于鱼类、海鲜类及家禽类的蒸制、炒制菜品。

烧椒酱

▎原料

青二荆条辣椒 500 克，川钎盐 15 克，味精 5克，白糖 5 克，黄豆酱油 20 克，陈醋 30 克，大蒜 80 克

▎制作流程

1. 将青二荆条辣椒用铁钎串起来，置于柴火或炭火上，慢慢烧成虎皮状至辣椒完全烧熟透，即成烧椒。

目前餐饮行业中常用的烧椒做法为干炕或炉火烧。

2. 去除烧椒外皮及焦黑部分，用凉开水漂洗一下后，用刀剁或放入石窝捣成蓉状，放入大碗中，大蒜也用石窝捣成蓉状放于辣椒蓉上。

3. 调入川盐、味精、白糖、黄豆酱油、陈醋搅拌均匀即可。

▎技术关键

1. 选用辣度不高，皮薄而肉质较厚实的辣椒，如青二荆条辣椒、青牛角辣椒等线椒类品种。

2. 烧椒，顾名思义就是将辣椒放在火源上直接烧成焦煳状，最好选用木材火源作为加热源，可以增添烟香味，使烧椒风味更佳。

小米辣椒油

▎原料

鲜红小米辣椒 1.5 千克、葱油 5 千克

▎制作流程

1. 将鲜红小米辣剁成末，下入葱油的锅中，小火慢慢炒 30 分钟至油色红亮而油润、有光泽、且油面水气减少，无浑浊现象。

2. 连油带渣出锅装入汤桶，焖 24 小时后滤去料渣取油即成。

▎技术关键

1. 小米辣椒末不宜太细，否则容易炒焦。

2. 辣椒末太粗熬制出来的油色不够红亮。

3. 注意火力、油温的控制。全程小火、低温慢慢熬制。成品色红亮、味清香。

青小米辣椒油（又名青椒油）

▎原料

色拉油 10 千克，白酒 500 克，青小米辣椒末 4 千克，剁碎黑豆豉 40 克，大蒜末 150克，姜末 100 克，洋葱 900 克，姜片 200 克，大葱节 400 克，大蒜 350 克，青花椒粗粉

400 克，小茴香碎 80 克，胡椒粉 50 克，川盐 300 克，鸡精 100 克，白糖 100 克，冰糖 120 克

香料：桂皮 20 克，香茅草 40 克，甘草 40 克，山柰 10 克，八角 80 克，草果 40 克，白蔻 80 克，白芷 30 克，香叶 20 克，陈皮 20 克，荜拨 20 克

▌制作流程

1. 色拉油倒入锅内，大火烧至 130℃时转成小火，加入姜片、大蒜（拍破）、洋葱、大葱节（破开）小火慢慢炸制。

2. 炸至全部原料漂于锅面时喷入白酒 50 克，先下 1/2 量的香料入油锅中，小火继续熬制约 30 分钟。

3. 接着再喷入白酒 50 克，搅拌均匀后，继续小火慢慢熬制，锅中原料至金黄、酥脆、无水分时关火闷 5 分钟，再捞出所有原料料渣即可。

4. 开中火让锅中油温再次升至 130℃时下剁碎黑豆豉，转小火慢慢炸至酥香。

5. 转中火让油温上升至 150℃，关火下姜末、蒜末慢慢炸至金黄。

6. 当姜、蒜末金黄且油温下降至 130℃时，下青小米辣椒末入锅翻炒，此时油温会大幅下降，应马上开大火，翻炒的同时让油温回升至 90℃后再调至小火。

7. 再次喷入白酒 50 克，慢慢翻炒，将剩余 1/2 量的香料投入油锅中搅匀，再喷一次白酒 50 克。

8. 随即下冰糖小火慢慢熬化，再下入青花椒粗粉、小茴香碎、胡椒粉、川盐、白糖、鸡精不断搅匀翻炒至香气醇厚，约 20 分钟，接着喷入白酒 50 克，搅匀。

9. 让锅中油温下降至 95~100℃，控制火力维持温度并持续翻炒，炒至锅中辣椒的水分很少时喷白酒 50 克，开中火，边炒边升温至 105℃时喷入剩余的白酒 200 克，关火加盖闷 60 分钟。

10. 出锅倒入汤桶中，静置浸泡 6 小时后沥净料渣，锅中油即成色泽翠绿、麻辣清香、回味厚重的青小米辣椒油。

▌技术关键

1. 炒制过程中最好全程小火，以免火力过大、温度过高影响成品的颜色和风味效果。

2. 熬制好的油料必须浸泡 6 小时以上才能萃取出青小米辣的全部香味，风味才浓厚。

川菜重香气，因此复制的风味油种类繁多，甚至影响许多特色菜品的品质。

085

鲜辣凤尾芹

色泽翠绿，造型美观，鲜辣味浓

【川辣方程式】 红小米辣椒　辣鲜露　鲜辣味　淋汁

刀工是川菜也是中菜的一大特点，除了利于制熟、入味、食用外，就是在视觉上产生美感，刀工成形常见的有吉庆块、梳子块、麦穗块、蓑衣块、凤尾条、眉毛条等。

此菜运用了凤尾条刀法，并利用芹菜本身纤维特性，细条会在泡凉水后卷起，就成为十分优雅的凤尾造型。除了形态美观、口感清脆外，更具有吸附酱汁、入口滋味丰厚的效果。

BLUE AND WHITE PORCELAIN

▌食材·调料

西芹 400 克，红小米辣椒 35 克，蒜末 10 克，川盐 1 克，白糖 5 克，辣鲜露 5 克，芝麻油 5 克，东古酱油 5 克，味精 2 克，85℃热开水 50 克

▌烹调流程

1. 西芹洗净，用削皮刀削去筋，再用刀将西芹切成凤尾花刀状，用清水浸泡 90 分钟。

2. 红小米辣椒去蒂把，洗净后剁成细末，放入碗中。加入蒜末、川盐、白糖、辣鲜露、芝麻油、东古酱油、味精、85℃热开水搅匀，放凉即成鲜辣味汁。

3. 将浸泡后的花刀西芹分别沥干水分，摆入盘中造型，淋上鲜辣味汁即成。

▌大厨秘诀

1. 西芹选用无空心、色泽脆绿、细嫩的为原料。一定要先削去筋，否则影响出品造型及口感。

2. 凤尾花刀法：西芹改刀成长块后斜片 5 刀，再用直刀划切成凤尾状。

3. 西芹刀工处理完成后，浸泡时间不宜过长，过长西芹鲜蔬味不浓厚；时间浸泡过短，花刀纹路张不开，影响成菜形态。

4. 辣椒细末必须选用红小米辣椒现剁现调味，鲜辣味才鲜明。可根据个人爱好适量调入藤椒油，别有风味。

5. 加热开水调味的目的是让小米辣椒在温度的作用下，释放出更多鲜辣成分，成菜的鲜辣味更浓厚。

四川内江因早期盛产蔗糖并以蜜饯出名而有"甜城"之名，地处川南又偏好鲜辣，于是产生一个独特的滋味组合：甜香酸辣味，估计只有内江才有！图为内江城区一景及蜜饯、凉面，其中凉面在糖醋鲜辣味中突出甜香，直接在面上加了一勺白糖，一种独特且算好吃的味觉体验。

086

玫瑰萝卜

鲜辣脆爽，色泽棕褐

【川辣方程式】 红小米辣椒＋酸辣味＋腌味

　　此菜原名山椒酱萝卜，是一道家常凉菜，将泡野山椒置换为新鲜小米辣并减少老抽的使用，成菜颜色更亮，以香醋调制带甜的酸辣味，入口细腻不呛且可避免颜色过深，精选新鲜、水多又嫩的萝卜，做出来的酱萝卜吃起来更加爽脆。精心摆盘后犹如玫瑰，赏心悦口！

▌食材·调料

长白萝卜 2500 克，川盐 10 克，白糖 500 克，老抽 10 克，生抽 100 克，香醋 300 克，大蒜 200 克，红小米辣椒 300 克，薄荷叶 3 片

▌烹调流程

1. 将长白萝卜去皮，破开成两瓣，切成 0.4 厘米的厚片，纳入盆中，再加入川盐、白糖，充分拌匀后静置、腌渍 3 小时。

2. 大蒜拍破、红小米辣椒切成 0.5 厘米的节。

3. 沥掉 1/2 腌制萝卜时产生的汁水，再加入老抽、生抽、香醋、大蒜、红小米辣椒节腌 6 小时。

4. 将腌好的萝卜片，一片压一片、从外往内、一圈一圈摆、到第三层逐渐收花心。逐一摆 17~19 片成玫瑰花形，点缀薄荷叶成菜。

▌大厨秘诀

1. 白萝卜需要去掉外表粗皮，改刀时切成适当厚片，装盘后花瓣才会呈现出立体感。

2. 第一次腌白萝卜片的汁水有生萝卜的生涩味，去掉一半腌渍的汁水后，味道较醇，整体风味更显细致。

3. 腌渍白萝卜的时间最少要在 6 小时以上，否则成型的白萝卜片颜色比较暗淡、口感不够脆爽。

4. 腌渍期间，温度要控制在 5~10℃，腌渍温度高的话萝卜片不脆、容易软。因此除冬天外，建议用保鲜膜覆盖后置于冰箱冷藏腌渍。

四川农贸市场风情，各种辣椒，从巨辣到完全不辣的都有，色彩饱满诱人。

087

醋椒蹄花

鲜辣味浓郁，质地滋糯爽口

【川辣方程式】红七星辣椒＋酸辣味＋煮＋淋

川菜鲜辣味偏好使用辣感鲜明、椒香突出而微甜的七星辣椒，刺激爽口，明快的辣感更能突出鲜味。猪蹄花入菜，四川人偏好白味或白煮后拌味、挂汁，如著名的老妈蹄花就是乳汤白味。此菜将皮煮软后随即漂凉，口感弹糯带脆，配上酸香辣爽的味汁，清凉、滋润而且开胃。

▌食材·调料

猪蹄 2 只（约 750 克），红七星辣椒圈 60 克，生姜 40 克，川盐 5 克，白糖 5 克，香醋 30 克，味精 5 克，东古酱油 20 克，芝麻油 25 克，料酒 15 克，小葱花 15 克，香菜末 10 克，85℃热汤 50 克

▌烹调流程

1. 猪蹄去尽残毛，清洗干净，宰成块，加清水、料酒、生姜 10 克（拍破），大火烧沸，除去浮沫，改中火煮约 30 分钟至皮软后捞出，用凉水冲漂凉，捞出待用。

2. 生姜 30 克去皮，切成细末入碗，加红七星辣椒圈、川盐、芝麻油、白糖、香醋、东古酱油、味精、热汤调成酸辣味的醋椒汁。

3. 熟猪蹄花装盘后，淋上醋椒汁，撒上小葱花、香菜末即成。

▌大厨秘诀

1. 猪蹄一定要去尽残毛，煮制不宜太炽软，成菜口感才能弹脆。

2. 煮熟的猪蹄一定要用清水漂，以去尽油渍，之后最好能用冰水浸泡透，口感更加滋糯、脆爽。

3. 调醋椒汁时要重用香醋，且盐味一定要放够，否则成菜容易出现干辣刺喉，成菜口感显得不够滋润柔和。

四川宜宾是著名的酒城，最具代表性的就是"五粮液"，其部分厂区对外开放参观，设有酒文化博览馆。2019 年宜宾刚通航的新机场更命名为"宜宾五粮液机场"。

088

香韭辣鲫鱼

质地细嫩，鲜辣爽口

【川辣方程式】 红小米辣椒＋辣鲜露＋鲜辣味＋煮＋淋

在新派川菜的体系中，非川菜系调味料及现代调味料深深影响味型的创造，其中的辣鲜露可说是代表，几乎新派的鲜辣味、酸辣味都离不开，让骨感的鲜辣感有了皮肉，更加厚实过瘾。

这道新派凉菜应用了热菜天府过水鱼的手法，将鲫鱼煮熟并入味，却挂上了温凉的味汁，既有热菜鱼鲜特点，又有凉菜的开胃爽口，或许可以戏称为"热凉菜"！

▌食材·调料

鲫鱼 3 条（约 500 克），韭菜 100 克，红小米辣椒 30 克，辣鲜露 15 克，生抽 15 克，川盐 1 克，料酒 10 克，生姜 5 克，花椒 10 粒，鸡粉 2 克，味精 1 克，芝麻油 3 克，蒸鱼豉油 10 克

▌烹调流程

1. 鲫鱼宰杀后刮去鱼鳞，挖去肚腹、鱼鳃，洗净。

2. 起开水锅，加入川盐、料酒、生姜、花椒、鸡粉，再下理净的鲫鱼。中大火煮沸后除去浮沫，转小火煮 5~6 分钟至熟透，捞出沥干水分放入盘内。

3. 韭菜洗净后切成长约 0.5 厘米的粒，红小米辣椒切 0.3 厘米的圈，放入碗中。

4. 调入生抽、味精、蒸鱼豉汁、芝麻油、辣鲜露拌匀，再加入煮鱼的热鲜汤 50 克，搅匀后淋在鲫鱼上即成。

▌大厨秘诀

1. 此菜对鲫鱼本味要求较高，尽量选用腥味少的鲜活鲫鱼，以生态水库、江河、湖泊水域的鲫鱼最佳。最好选用小韭菜调味，成菜风味浓郁而精致，大韭菜味道过重且口感较粗。

2. 鲫鱼不宜久煮，火力不宜过大，以免滚沸的力量将鱼煮破碎，影响成菜外形及食欲。

3. 用热鱼汤调味汁，成菜的韭菜风味、小米辣椒的鲜辣味会更加浓厚。煮鲫鱼时也可加部分红小米辣椒一起煮，鲜辣味更入味。

北方的锅盔在四川也被玩出了许多花样，有白面类的白面锅盔、混糖锅盔、椒盐锅盔、红糖锅盔；还有油酥类的军屯锅盔、方酥锅盔、旋子锅盔；还有变化最多、夹入各种滋味拌菜的夹锅盔。图为成都邱二哥白面锅盔老铺。

089
酸辣手撕鸡

肉质细嫩、酸辣开胃、清香味浓

【川辣方程式】 红小米辣椒＋清香酸辣味＋煮＋拌

　　小青柠与熟悉的柠檬是"近亲"，其酸味清香、纯正，新派川菜的使用逐渐普遍，最常见的是用小青柠的汁代替白醋来调酸味，天然果酸加果香能让酸香口感更醇而爽口。使用青柠多是以汁调味，能体现食材的鲜美，避免连皮入菜，因为皮会发苦，若是巧用青柠点缀，成菜风格很鲜明。

▌食材·调料

理净散养黑脚仔公鸡1只（约350克），红小米辣椒60克，香菜50克，川盐1克，白酱油5克，味精2克，鸡精3克，白糖2克，芝麻油5克，藤椒油2克，小青柠3个，胭脂小萝卜1个

煮鸡料：川盐5克，大葱15克，姜片10克，料酒10克，干红花椒粒2克，新一代干辣椒10克，月桂叶10克，八角5克，黄栀子2个

▌烹调流程

1. 取汤锅下入清水约2500克，能淹过鸡的水量，大火烧沸转小火。

2. 理净散养黑脚仔公鸡洗净后下入沸水锅，下入煮鸡料的全部调辅料，小火煮20分钟后关火闷30分钟，捞出晾冷至水分干。

3. 将步骤2的鸡肉撕成筷子粗的条备用。红小米辣椒剁成粗末；香菜去叶留茎切成寸段；小青柠1个切成薄片，另外2个压成汁；胭脂小萝卜切成0.2厘米的片，备用。

4. 鸡肉条入盆，调入红小米辣椒末、香菜段、小青柠汁、胭脂小萝卜片、川盐、白酱油、味精、鸡精、白糖、芝麻油、藤椒油拌匀，装盘后点缀小青柠片成菜。

▌大厨秘诀

1. 选用一年左右的嫩公鸡为原料，成菜口感细腻、清香。

2. 煮鸡时加入辣椒、花椒、八角、月桂叶主要是为了去除鸡的毛腥味，成菜鸡肉更鲜美。

3. 煮鸡时要注意火候的大小、时间长短的控制，掌握好少时间煮、长时间焖的加工原则，成熟鸡肉的口感才细腻，否则成菜口感要么比较柴、要么比较软烂，口感不佳。

川菜用油偏好压榨的浓香型菜籽油，因具有独特的香气且油脂稠度高，更容易裹在食材上，菜肴入口后的味感更饱满，同时菜籽油的风味更是许多川菜风味的重要元素，可以说少了菜籽油的川菜就不正宗了。图为初春时黄灿灿的油菜花田。

090

酸辣玉喉

色泽金黄，入口脆爽

【川辣方程式】 黄灯笼辣椒酱＋青小米辣椒＋红小米辣椒＋酸辣味＋煮

　　盛产于海南的黄灯笼辣椒椒香味十分突出，但辣度极高，入菜用量极少，因此多盐渍成酱延长可运用、食用的时间。此菜以黄灯笼辣椒酱为主味，搭配青红小米辣岔色并产生香辣味层次，酸香层次则来自香醋和寿司醋。其中老南瓜蓉只是让汤色更加黄亮，用量不能多，多了容易变浊，成菜就不清爽。

食材·调料

水发黄喉 500 克，青笋 250 克，黄灯笼辣椒酱 50 克，青小米辣椒圈 10 克，红小米辣椒圈 10 克，姜末 5 克，蒜末 10 克，胡椒粉 5 克，川盐 5 克，白醋 15 克，寿司醋 5 克，老南瓜蓉 15 克，鸡粉 5 克，化鸡油 60 克，鲜汤 500 克，小葱花 5 克

烹调流程

1. 水发黄喉洗净，切成五刀一断节（又称佛手形）；青笋去外表粗皮后切成粗丝。

2. 锅内入适量清水，大火烧沸，将青笋丝入沸水中余一下，捞出放入盛器中垫底。水发黄喉入沸水中余一水，捞出待用。

3. 净炒锅内放化鸡油，中火烧至五成热。放入蒜末、姜末、黄灯笼辣椒酱炒香，掺入鲜汤烧沸。

4. 放入料酒、川盐、胡椒粉、鸡粉、白醋、寿司醋、老南瓜蓉调味后煮煮 2 分钟。

5. 下入黄喉、青小米辣椒圈、红小米辣椒圈推匀，煮约 10 秒即可舀入盛器中，撒上小葱花即可。

大厨秘诀

1. 水发黄喉不宜在锅内煮太久。煮久了发绵，口感不够脆爽。

2. 黄灯笼辣椒酱应用中小火炒至色黄味香，切忌大火炒制，以免锅缘酱汁烧焦而影响成菜口感。

3. 老南瓜蓉做法：老南瓜去外表粗皮、瓜瓤后切成块，上笼大火蒸 30 分钟。取出用搅拌机打碎成蓉泥状，用于菜肴调色。

4. 鲜青、红小米辣椒圈在不宜煮的太久，在出锅前加入即可，目的有二，一是增加菜肴的鲜辣味与辣感层次；二是增添菜肴的色彩。若青红小米辣椒在锅中煮的太久，一是太辣，二是不能起到点缀岔色的效果。

四川资阳丹山镇的小米辣椒种植基地。

245

091

姜醋肘子

入口细腻，鲜辣中姜醋味厚重

【川辣方程式】 鲜辣椒＋红油辣椒＋新一代干辣椒＋红小米辣椒＋青二荆条辣椒＋
姜汁鲜辣味＋卤＋淋

姜汁味、鲜辣味多用于较为油腻厚重的食材调味，就是利用其辛辣爽口的滋味调和腻厚感。就此菜来说，汤中加入香料、调料煨煮至炬软，但肘子腻感仍在，最后淋上姜汁鲜辣浓郁的味汁做最后调和，更加适口。

热菜用的姜汁味、鲜辣味汁的调制一般要用热开水，最好用沸腾开水冲入再搅匀，味汁才有融合感，姜香味、鲜辣味、醋香味才够浓郁。

▍食材·调料

猪前肘子 800 克，姜片 10 克，大葱 20 克，干红花椒粒 3 克，新一代干辣椒 15 克，八角 7 克，月桂叶 10 克，山柰 5 克，川盐 8 克，味精 5 克，胡椒粉 2 克，老抽 5 克，料酒 20 克，糖色 120 克（见 P287），大骨汤 2500 克（见 P287）

姜醋鲜椒汁料： 川盐 3 克，味精 5 克，鸡精 5 克，红小米辣椒圈 20 克，青二荆条辣椒圈 30 克，老姜末 70 克，陈醋 40 克，美极鲜味汁酱油 20 克，花椒粉 2 克，香油 10 克，藤椒油 10 克，沸腾热开水 250 克，红油 50 克，小葱花 20 克

▍烹调流程

1. 将肘子上火烧至表皮煳焦，入冷水浸泡后刮洗干净。

2. 净锅入大骨汤 2500 克，大火烧沸转小火，下肘子、姜片、大葱、干红花椒粒、新一代干辣椒、八角、月桂叶、山柰、川盐、味精、胡椒粉、老抽、料酒、糖色搅匀调味。烧开后打尽浮末加盖，转小火煨煮 3 小时，卤至肘子皮、肉炬软捞出装盘备用。

3. 将姜醋鲜椒汁料依次放入大碗中，搅匀，浇在盘中肘子上成菜。

▍大厨秘诀

1. 肘子可以卤制成有色和无色两种，成菜口感一样，只是颜色不一样。

2. 肘子个头比较大，一定要小火慢煨细炖几个小时，肘子形整且成菜口感才会细腻、入味。

四川内江隆昌县北关石牌坊古驿道景区的仿古城关夜景，景区中有六座牌坊。

092

尖椒兔

色泽棕红，麻味飘香，记忆犹新

【川辣方程式】 青小米辣椒＋鲜椒麻辣味＋煸炒

　　小米辣椒因个小而尖，又被昵称为尖椒。此菜重用青小米辣椒，加上鲜香突出的青花椒烹调出鲜椒麻辣味，相较于常规的干辣椒麻辣味，鲜香味更加浓郁，麻辣味重而爽口；虽没有视觉上的红辣感，却因而形成一种看着不辣吃着麻辣的感官趣味。

▌食材·调料

去皮兔肉 350 克，青小米辣椒 150 克，泡姜丁 50 克，大蒜丁 30 克，大葱丁 30 克，青花椒粒 10 克，川盐 3 克，味精 5 克，鸡精 10 克，酱油 3 克，料酒 15 克，淀粉 8 克，辣鲜露 15 克，香油 15 克，花椒油 20 克，色拉油 2000 克（约耗 50 克）

▌烹调流程

1. 将去皮兔肉去大骨后切成0.5厘米的丁，用川盐1克、味精、鸡精、料酒、酱油、淀粉拌匀码味上浆，备用。青小米辣椒去蒂把切成小段。

2. 色拉油入锅上大火烧至近七成热（约200℃）时，下入上好浆的兔丁滑散，出锅沥油备用。

3. 锅内留色拉油50克，大火烧至近七成热（约200℃）时，下青花椒粒、泡姜丁、大蒜丁、大葱丁爆香出香味；再下青小米辣椒段煸炒半分钟，调入辣鲜露，倒入滑散的兔丁翻匀，继续煸炒至辣椒的香味融入兔肉，出锅即成。

▌大厨秘诀

1. 兔肉必须去皮、去大骨，成菜的丁大小才足够均匀，成菜才美观。

2. 切好的兔肉在上浆码味时，酱油主要起上色的作用。酱油的用量过多成菜颜色发黑发暗；酱油的用量太少，兔肉不能充分上色，成菜无法诱人食欲。

3. 掌握好干花椒入锅的油温控制，油温过高、炒制的时间过久，花椒容易炸焦产生苦味，也没了香气；油温过低不足以激发花椒的香味，达不到成菜的效果。

4. 炒制好的兔肉，最好能选用加热后的石板、石锅、铁板盛菜，上桌时，麻辣香味大量溢出，增加就餐的气氛、刺激味蕾。

成都老店皇城坝牛肉是清真餐馆，粉蒸牛肉、夫妻肺片是其一绝，滋味醇厚、㶽糯有味、麻辣过瘾。

093
鲜辣脆椒鸡

质地细嫩，鲜辣味浓厚

【川辣方程式】 红美人辣椒＋青美人辣椒＋泡野山椒汁＋鲜辣味＋煮＋渍

　　川菜辣椒用量猛，但大多只用于调味，并不吃。此菜是引用泡荤菜的概念制成，也是少数可以连着辣椒一起吃的川菜，这里重用微辣而香的鲜美人辣椒加泡野山椒汁，调制成乌鸡肉专用的洗澡泡菜水，鸡肉、辣椒下入泡制后，辣椒脆口、鲜辣味浓而酸香。

▎食材·调料

净乌鸡肉 400 克，红美人辣椒圈 70 克，青美人辣椒圈 30 克，泡野山椒汁 100 克，川盐 5 克，味精 2 克，白糖 5 克，白醋 2 克，大蒜粒 15 克，生姜 15 克，花椒 1 克，料酒 15 克，葱节 15 克

▎烹调流程

1. 净乌鸡肉放入锅内加清水淹过，加入生姜（拍碎）、花椒、料酒、葱节中大火煮开，转中火煮熟后捞出，晾冷待用。

2. 取一盆，放入红美人辣椒圈、青美人辣椒圈、泡野山椒汁、川盐、味精、白糖、白醋、大蒜粒拌匀，即成鲜辣味汁。

3. 凉熟乌鸡肉切成片，泡入有鲜辣味汁的盆中拌匀，浸渍 15~20 分钟后，捞出鸡肉摆入盘内，再将盆内的青、红美人椒圈淋上即可。

▎大厨秘诀

1. 煮乌鸡时，需扫尽浮沫，中火煮至乌鸡断生取出晾冷，否则刀工成形不好看，中大火煮影响成菜美观。

2. 兑鲜辣味汁时加了泡野山椒汁水调制成的酸辣味，滋味更爽口。

3. 鸡肉片浸泡在味汁的时间不宜太长，不能超 40 分钟，以免肉质变老，盐味过重。

贵州遵义市虾子镇的辣椒交易中心，年交易量 25 万吨干辣椒，为目前最大的单一交易中心。

094

青椒酸辣排骨

色泽清爽，椒香味浓，酸辣开胃

【川辣方程式】 青二荆条辣椒＋红美人辣椒＋泡野山椒＋黄灯笼辣椒酱＋泡菜酸辣味＋烧

此菜先以老泡菜炒制的汤汁烧入丰厚的酸辣底味，再重用青二荆条辣椒入锅炒出清新椒香气，成菜后一别传统烧菜的厚重感，产生味厚爽口的独特风格！

话说川菜重口味，多数人从字面理解是川菜任何滋味一重了之，孰不知川菜的真谛是"重视口味"，任何口味该重则重、该轻当轻、味味分明、不容含糊，才能做到"一菜一格，百菜百味"，这道菜就是如此，要突出青椒鲜香就是重用鲜香味突出的青二荆条辣椒，底味该丰厚的就做到足，更兼顾层次感。

▌食材·调料

猪肋骨 600 克，青二荆条辣椒 300 克，红美人辣椒 50 克，泡酸菜末 30 克，泡酸萝卜末 30 克，泡野山椒末 15 克，黄灯笼辣椒酱 30 克，川盐 3 克，味精 5 克，鸡精 5 克，胡椒粉 2 克，料酒 15 克，白醋 30 克，寿司醋 25 克，大骨汤 2000 克，藤椒油 15 克，化鸡油 50 克，色拉油 50 克

▌烹调流程

1. 将猪肋骨宰成 5 厘米的节，洗净再用流动水冲 30 分钟，捞出沥干水分备用。青二荆条辣椒、红美人辣椒分别切成圈备用。

2. 锅入化鸡油，中火烧热至五成多（约160℃），下泡酸菜末、泡酸萝卜末、泡野山椒末、黄灯笼辣椒酱炒出香味，掺大骨汤烧沸，调入川盐、味精、鸡精、胡椒粉、料酒调味、搅匀。

3. 将步骤 1 的排骨放入高压锅内，加入步骤 2 的汤汁。盖好上盖，以中火压制 15 分钟后，关火泄压后出锅倒入砂锅内。

4. 盖上盖子后上炉，以小火焖煮 30 分钟，再调入白醋、寿司醋、藤椒油调味，出锅装盘备用。

5. 取净锅下入色拉油，大火烧至六成热，下入青二荆条辣椒、红美人椒圈炒香出锅盖在排骨上成菜。

▌大厨秘诀

1. 排骨必须冲干净血水，一是去除腥味，二是保证出品排骨的颜色不发暗有食欲。

2. 排骨在酸汤汁用小火慢慢焖煮至肉与骨可以轻轻分离即可，才能保证成菜口感滋润有咬劲。

3. 酸汤汁中加入青辣椒圈，成品色泽更加突出、味道更加清香而厚。

在四川农贸市场中有专卖腌、渍、泡食品食材的摊摊，其中泡辣椒色彩浓亮，最为诱人。

095

小炒鸭肫

入口脆爽、鲜辣味浓郁、拌饭尤佳

【川辣方程式】 青二荆条辣椒＋红小米辣椒＋泡二荆条辣椒＋鲜辣味＋炒

　　小炒是川菜极具特色的工艺，又称为单锅小炒，因炒制全程不过油、不换锅，一次性调味、极火短炒、一锅成菜，成菜有原汁原味、风格鲜明的特点。

　　这里重用二荆条辣椒，突出椒香味，泡二荆条辣椒增鲜，在急火短炒的要求下，调制味汁是一个十分重要的程序，才能在最恰当的时间点一次性调味，若是炒的过程中一一加入调味料，时间过长就变慢炒了，成菜风味将大打折扣。

▌食材·调料

鸭肫 300 克，青二荆条辣椒 100 克，红小米辣椒 150 克，姜片 10 克，蒜片 10 克，黄豆豉 20 克，泡二荆条辣椒末 40 克，川盐 2 克，味精 5 克，鸡精 5 克，胡椒粉 1 克，料酒 15 克，财神蚝油 10 克，淀粉 15 克，芝麻油 10 克，花椒油 10 克，色拉油 80 克

▌烹调流程

1. 鸭肫去掉筋膜洗净，剞成佛手花状的片，加入川盐、料酒 5 克、淀粉 10 克拌匀码味。

2. 青二荆条辣椒、红小米辣椒分别切成 1 厘米的节。用味精、鸡精、胡椒粉、料酒 10 克、淀粉 5 克，调入碗中成味汁备用。

3. 取净锅入色拉油，大火烧至近七成热（约 200℃），放入码入味的鸭肫炒散，再下入泡二荆条辣椒末、黄豆豉、姜片、蒜片炒香。

4. 续下青二荆条辣椒节、红小米辣椒节、财神蚝油炒至断生，烹入步骤 2 的味汁炒匀，最后淋入芝麻油、花椒油翻匀，出锅成菜。

▌大厨秘诀

1. 选用无碱发制、新鲜没有异味的鸭肫，须去干净筋膜，否则影响成菜口感的脆爽度。

2. 下入鸭肫的油温要高、火力要大、翻炒的速度要快，成菜的鸭肫口感才会脆爽。

3. 青二荆条、红小米辣椒入锅不能炒制时间太久，以免炒蔫后变色，影响成菜色泽亮度感。

银杏是成都市的市树，每到深秋成都城区及周边的银杏树叶陆续变成金黄色，为休闲成都添上浪漫的金缕衣。

255

096
香锅排骨

色泽红亮，麻辣味厚重，回味悠长持久

【川辣方程式】 青二荆条辣椒＋贵州子弹头干辣椒＋红油豆瓣酱＋麻辣火锅底料＋纯炼制火锅老油＋鲜椒麻辣味＋炸＋炒

　　川菜菜名中只要出现"香锅"一词，不用怀疑，肯定突出干香的麻辣味菜品。干香，顾名思义就是干而香，成菜必须是见油不见汁。

　　要做出浓厚的干香味首先是选择香气突出的辣椒品种，其次掌握好辣椒、花椒、香料等每一种料的最佳炒制时间，做到不同时间下锅，一起出锅，才能回味悠长。

食材·调料

猪肋骨 500 克，藕 100 克，蒜丁 50 克，姜丁 50 克，洋葱丁 80 克，青二荆条辣椒 100 克，干红花椒粒 3 克，贵州子弹头干辣椒 20 克，红油豆瓣酱 15 克（剁细），麻辣火锅底料 80 克，孜然 1 克，小茴香 1 克，川盐 2 克，胡椒粉 2 克，料酒 20 克，味精 5 克，鸡精 10 克，小苏打 2 克，红花椒油 15 克，芝麻油 15 克，纯炼制火锅老油 120 克

烹调流程

1. 猪肋骨剁成 2 厘米的节，用流动水冲 20 分钟，捞出沥干水分；藕去皮切成 2 厘米的丁；青二荆条辣椒切成 2 厘米的节备用。

2. 猪肋骨加入小苏打、川盐、胡椒粉、料酒 10 克码匀，静置 30 分钟至入味。

3. 锅入色拉油至七分满，大火烧至六成热，下码入味的肋骨慢慢浸炸至熟，出锅沥油，备用。

4. 锅洗净，入纯炼制火锅老油，中火烧至六成热，下蒜丁、姜丁、红油豆瓣酱炒香，下干红花椒粒、孜然、小茴香、贵州子弹头干辣椒炒出香味，下入麻辣火锅底料、炸熟肋骨一起翻炒至干香。

5. 再下入藕丁、青二荆条辣椒节、洋葱丁入锅炒至断生，调入味精、鸡精、料酒 10 克、红花椒油、芝麻油，翻炒均匀，出锅装盘即成。

大厨秘诀

1. 选用肉稍微厚实一点的肋骨，成菜口感较好，肉少的肋骨炒至成菜后干瘪无肉，口感不佳。

2. 肋骨斩好后须冲掉血水再码味，减少腥味。

3. 加入小苏打码味后的肋骨需要时间让小苏打起软化肉质、保水的作用，一般在 30 分钟左右，此时烹调成菜效果才佳。小苏打不能过量，会有碱味，破坏成菜滋味。

4. 红油豆瓣酱一定要中小火慢慢熵炒至辣椒的生味去除，有酱香味出来。

5. 炝香干花椒、干辣椒的温度、时间要控制好，火大、时间长容易炒焦，火小、时间短则炝不出辣椒、花椒的熵香味。

升钟湖水库位于四川省南部县嘉陵江支流西河上，为西南地区最大的水利枢纽工程，水面积有 560 万平方米，拥有长约 100 千米的航道。图为升钟湖水库的风景。

麻辣江湖：辣椒与川菜

酿柿子椒

色泽红亮，入口咸鲜微甜

【川辣方程式】 红柿子椒＋咸鲜味＋蒸

　　这道菜是本书唯数不多的不辣菜品，以不辣的柿子椒为主角，取其色与形。柿子椒又名甜椒、菜椒，在辣椒家族中如特例般的存在，因清香微甜的滋味而被当作蔬菜食用，或是作为菜品盆色之用。

　　因柿子椒个大中空，有鲜艳的黄、红、绿三种颜色，也常用于做填酿菜的容器，既美观又美味。

四川凉山州高山风情。

▎食材·调料

红柿子椒 5 个，猪肉末 100 克，冬笋 25 克，鲜香菇 50 克，宜宾芽菜末 15 克，料酒 10 克，川盐 2 克，生抽 5 克，胡椒粉 0.5 克，味精 2 克，水淀粉 15 克，鲜汤 150 克，化鸡油 50 克，色拉油 50 克

▎烹调流程

1. 冬笋、鲜香菇切成 0.3 厘米大小的丁。用刀从红柿子椒蒂下约 1 厘米处切下一块作"盖子"，挖去籽，洗干净，入沸水锅内余一水，沥干水分。

2. 色拉油入锅，中火烧热至五成热，下猪肉末炒散至干香，调入料酒、川盐 1 克、生抽，续炒至酥香，再加入冬笋、香菇粒、宜宾芽菜末及胡椒粉、味精炒匀起锅成肉馅。

3. 取红椒分别填酿入肉馅，盖上"盖子"放入盘内，入笼用旺火蒸 3~4 分钟后取出。

4. 另取净锅，下鲜汤中火烧沸，放胡椒粉、川盐 1 克、味精烧沸，用水淀粉勾成二流清芡，淋化鸡油收汁，起锅淋在红椒内的肉馅上即成。

▎大厨秘诀

1. 应选大小一致、个头均匀、色泽红亮的红柿子椒，是成菜美观的关键。

2. 猪肉馅一定要先炒熟，肥瘦肉比例各一半为宜，口感才细腻滋润。

3. 蒸制时间不宜过长，蒸制的时间太长，红柿子椒易发黑或太软而不成形，影响成菜美观。

098

剁椒毛芋儿

入口软糯，原汁原味，鲜辣爽口

【川辣方程式】 剁椒酱＋剁椒鲜辣味＋蒸

　　芋头独特香味在腌渍后轻发酵的剁椒酸辣味烘托下，更觉鲜香有味；软糯的口感加上剁椒的鲜辣刺激，给人刚柔并济的口感体验。

　　这里要突出的是鲜辣感，因此剁椒酱不入锅炒香，而是直接调入菜品中并蒸熟，以鸡汤增加厚实感。

▌ 烹调流程

1. 新鲜芋头削去外表粗皮洗净，切成 4 厘米大小的滚刀块后放入盆中。

2. 加入川盐后使劲用力颠簸、搅拌约 5 分钟，至芋头块渗出黏液来，再用流动水洗净，捞出沥干，备用。

3. 洗好的芋头块放入盆中，调入剁椒酱、味精、鸡精拌匀放入碗中，灌入鸡汤，入笼大火蒸约 40 分钟取出，撒上小葱花成菜。

▌ 大厨秘诀

1. 芋头建议选用带皮的荔浦芋头仔，口感更加粉、糯，老芋头的水分较重不易蒸烂，口感较差。

2. 鲜芋头去皮后用川盐反复颠簸、搓洗，直到芋头的黏液搓出来再清洗干净，成菜后芋头才不会发黑，若没有经过任何处理，直接成菜，芋头容易发黑，不美观。

3. 蒸菜的特点是软而不烂、烂而有形，务必控制好芋头的蒸制时间。

川菜对辣的层次感要求高，因此市场上提供的辣椒品种相对多样，本地、外地、国外的都有。图为成都辣椒批发商所展示的辣椒及不同配方的辣椒粉。

▌ 食材·调料

鲜芋头 600 克，剁椒酱（见 P233）200 克，小葱花 10 克，川盐 5 克，味精 5 克，鸡精 5 克，鸡汤 100 克

黄椒酸汤肥牛

汤色金黄，酸辣开胃，质地细嫩

【川辣方程式】 黄灯笼辣椒酱＋泡野山椒＋青小米辣椒＋红小米辣椒＋酸辣味＋炒＋煮

　　在黄灯笼辣椒酱进入川菜厨房之前，酸汤菜主要用色泽黄绿清新的泡小米辣椒调味，色泽清新但不够黄亮。自从有鲜艳黄亮的黄灯笼辣椒酱后，泡小米辣椒就只有调味作用，因此色泽较朴素，酸辣香较突出的泡野山椒就取代了泡小米辣。

■ 食材·调料

肥牛片 400 克，绿豆芽 200 克，黄灯笼辣椒酱 50 克，泡野山椒碎 15 克，青小米辣椒粒 10 克，红小米辣椒粒 10 克，姜末 15 克，蒜末 20 克，胡椒粉 2 克，鸡精 2 克，川盐 2 克，白醋 25 克，料酒 15 克，色拉油 75 克，鲜汤 700 克

■ 烹调流程

1. 肥牛片放入盆中，加入料酒、川盐，码匀入味。入沸水锅中汆烫至断生后捞出沥水。

2. 取净锅下入色拉油 25 克，大火烧至六成热，再下入绿豆芽炒至断生，盛入深盘垫底。

3. 炒锅洗净后倒入色拉油 50 克，大火烧至五成热，转中火，下姜末、蒜末炒香，接着放黄灯笼辣椒酱、泡野山椒（切碎）炒出辣香味后掺入鲜汤大火烧沸。

4. 调入料酒、川盐、胡椒粉、鸡精，白醋后推匀，再将烫熟的肥牛片倒入锅中略煮，连汤带汁舀入绿豆芽的盛器中，撒上青小米辣椒粒、红小米辣椒粒即成。

■ 大厨秘诀

1. 选用上等的雪花状、肥瘦分布均匀、少筋肥牛肉为原料，成菜口感才精致。

2. 肥牛片应为 2 毫米左右的薄片，太薄易碎、不成形，太厚不入味，也不便食用。

3. 汆烫肥牛片的水要多且滚沸时再下入锅中，以去除血水，切勿久煮，肥牛片刚断生即捞出沥水，否则成菜口感不够细嫩。

4. 炒黄灯笼辣椒酱时火候不宜过大，以免将黄灯笼辣椒酱炒焦而影响成菜风味与色泽。

5. 可以将酸辣汤汁提前批量熬好后，沥去料渣，再煮肥牛片，缩短出菜时间，成菜汤汁也更清爽。

四川阿坝州的松潘古城古名松州，为历史上著名的边疆重镇，史载古松州"扼岷岭，控江源，左邻河陇，右达康藏"，故自汉唐以来均设关尉，屯有重兵。目前仍保有相对完整明代古城墙。图为松潘古城城门与城内风情。

100
剁椒开屏鱼

造型美观，鱼肉细嫩，鲜辣味浓厚

【川辣方程式】　湖南红剁椒＋湖南黄剁椒＋鲜辣味＋蒸

　　四川剁椒鱼系列菜品源自湘菜，但又异于湘菜，主要差别在四川做剁椒鱼都要将剁椒酱入锅，用油炒香后才铺在鱼上并蒸透，吃的是香辣，湘菜做法则没有炒香这一工序，吃的是醇辣。湖南黄辣椒与海南黄辣椒是完全不同的品种，湖南黄辣椒辣度也高，但不如海南品种高，具有独特的甜香味，湖南黄辣椒为金黄色、筷子粗的条状，长5~7厘米。

▍食材·调料

鲈鱼1条（约500克），湖南红剁椒25克，湖南黄剁椒25克，姜片10克，蒜末15克，葱花10克，川盐2克，料酒10克，胡椒粉1克，鸡粉5克，化猪油25克，色拉油35克，黄瓜半圆片50克，圣女果1个

▍烹调流程

1. 将鲈鱼宰杀、洗净，将鲈鱼纵切成0.7毫米厚的片纳入盆中，下川盐、料酒、姜，码匀、入味约5分钟。

2. 取净锅下化猪油，上中火，放入湖南黄剁椒、红剁椒、蒜末炒香，调入鸡粉、胡椒粉炒匀，即成剁椒酱。

3. 鱼片依序在圆盘内摆成孔雀开屏形状，将步骤2剁椒酱舀在鱼片上，入笼旺火蒸3~4分钟即可取出，撒上葱花，以黄瓜半圆片、圣女果装饰。

4. 净锅中下入色拉油，中大火烧至六成热，淋在葱花、剁椒上即成。

▍大厨秘诀

1. 鲈鱼片不宜切得过薄，成形后没有立体感，鱼肉也易碎。

2. 选用湖南成品剁椒简化烹调程序，但也可以用红小米辣椒剁成细蓉后炒制剁椒酱，颜色更红亮，但醇厚感较弱。

3. 掌握鱼肉入蒸笼蒸制的火候大小及时间，不能过久。火力太小，蒸制时间过长，会令鱼肉不够细嫩。

4. 黄瓜、圣女果是起美化菜肴的作用，不宜入笼蒸，会失去色泽鲜美度。

四川乐山市金口河区的金口河大峡谷全长26公里，最宽处不足200米，谷深却达2600米，峡谷两岸奇峰危岩耸立，鬼斧神工，构成各种象形景观。通往凉山州唯一的铁路也经此大峡谷，目前峡谷山上还住着彝族人。

青椒乌鱼片

101

鱼肉细嫩，青椒味浓郁

【川辣方程式】 青二荆条辣椒 ┊ 红小米辣椒 ┊ 鲜辣味 ┊ 水滑、油淋

　　这里的乌鱼是淡水鱼，不是鱼卵可做干货乌鱼子的海中乌鱼。

　　乌鱼肉质鲜美少刺，是近几年市场上流行的河鲜品种，用鲜辣椒来进一步提鲜增味具有绝佳效果，虽然重用辣椒，但只用热油激的方式取辣椒香，成菜椒香味浓郁，入口微微辣，十分爽口，这一爽口的感觉也能增强鱼肉鲜美的感受。

▌食材·调料

乌鱼 1 条（约 500 克），青二荆条辣椒圈 150 克，红小米辣椒圈 10 克，鸡蛋 1 个，黄豆芽 200 克，料酒 10 克，淀粉 0.5 克，川盐 5 克，蒸鱼豉油 25 克，生姜末 5 克，味精 1 克，胡椒粉 0.5 克，鲜汤 500 克，色拉油 75 克

▌烹调流程

1. 乌鱼处理干净后去骨、去皮、去鱼头，将净鱼肉片成厚约 0.2 厘米的鱼片纳入盆中，鸡蛋只取蛋清，下入盆中，再加川盐、胡椒粉、料酒、生姜末、味精、淀粉码匀，备用。

2. 锅内放鲜汤大火烧沸，下入黄豆芽煮断生，捞入盘内作垫底料。将鱼片滑入锅内汤中滑熟，捞入豆芽盘中摆好放上青椒、红小米辣椒圈。

3. 锅内放色拉油大火烧至六成热后，出锅淋在青椒上，再将蒸鱼豉油加热后淋入鱼片四周即成。

▌大厨秘诀

1. 鱼片不宜片的太薄，太薄易碎而不够成形。片的太厚影响成菜口感，不够滑嫩。滑煮鱼片时的汤要多、要沸腾，不宜煮的过久，否则口感不佳。

2. 青椒切细圈，不宜过大。用红小米辣椒圈点缀岔色更显菜品的色彩与众不同，同时增加菜肴鲜辣味的浓厚感。

3. 淋热油的油温一定要烧至六成热，辣椒的香味才能激发出来。

新疆巴音郭楞蒙古自治州的和硕县、焉耆县主产铁板椒，一种专供提取食用红色素的辣椒，川菜中也有少量使用，用于增加油脂、汤汁的红亮颜色。

【香辣小知识】乌鱼是乌鳢的俗称，属鲈形目、鳢科，又名乌棒、生鱼、财鱼、蛇鱼、火头鱼、黑鳢头等。乌鱼是鳢科鱼类中分布最广、产量最大的种类。

　　乌鱼为底栖生活、肉食性鱼类，喜欢生活在水草繁茂的浅水区，大量分布于长江流域至黑龙江流域，属于高经济价值的鱼类。

102

折耳根牛蛙

蛙肉细嫩，折耳根脆爽，鲜辣味厚重

【川辣方程式】红小米辣椒＋泡野山椒＋红油豆瓣酱＋
豆瓣鲜辣味＋炒

　　折耳根正名为鱼腥草，又名猪鼻拱，其类似鱼腥味的独特气味总让人印象深刻且好恶鲜明。四川人最常拿来凉拌，选细嫩茎、叶拌上酸辣味或红油味，风格突出，与红油麻辣味搭配，那滋味是一绝。

　　此菜选用折耳根细嫩的茎与牛蛙同炒，加热后的折耳根气味略降，更好接受，配上小米辣椒、泡椒、豆瓣酱调制的鲜辣味，鲜辣中有酱香的厚度，又透着一丝丝酸香，整体滋味极具四川民间特色。

▍食材·调料

牛蛙 750 克，折耳根 200 克，红小米辣椒 80 克，泡野山椒 50 克，红油豆瓣酱 15 克，泡姜片 10 克，川盐 2 克，味精 5 克，鸡精 10 克，胡椒粉 1 克，料酒 10 克，东古酱油 10 克，芝麻油 10 克，淀粉 15 克，色拉油 80 克

▍烹调流程

1. 将牛蛙宰杀去皮、内脏处理干净，剁成 2 厘米的丁，用川盐、胡椒粉、料酒、淀粉拌匀码味备用。

2. 折耳根切成寸节；红小米辣椒、泡野山椒分别切成 1 厘米的节，备用。

3. 净锅下入色拉油至七分满，大火烧至六成热，下码好味的牛蛙丁滑散，捞出沥油，备用。

4. 锅洗净后入色拉油 80 克，中火烧热至五成多（约 160℃），下红油豆瓣酱、泡姜片、泡野山椒节炒香炒至油色红亮，下红小米辣椒节、牛蛙一同翻炒入味，再下折耳根炒匀。

5. 调入味精、鸡精、东古酱油、芝麻油炒匀，出锅装盘成菜。

▍大厨秘诀

1. 选用鲜活、无注水的牛蛙，根据成菜需要可以去牛蛙的皮，也可以保留；蛙肉剁块时不要剁的太小，翻炒过程中容易碎，影响菜形。

2. 滑牛蛙时油温略高一点，当牛蛙肉入油锅后快速炸熟淀粉定形，锁住肉汁，炒出的牛蛙肉才有形多汁；油温太低，牛蛙肉入锅后容易脱浆导致成菜口感不够滑嫩。

3. 折耳根入锅不宜久炒，尽量保持折耳根的脆爽口感、清香味，成菜风格才鲜明。

四川农村田间随处可见折耳根，春耕之际最为细嫩。

103

文蛤炒掌中宝

入口清香鲜辣，麻香而悠长

【川辣方程式】 青二荆条辣椒＋辣鲜露＋鲜辣藤椒味＋炸、炒

　　四川位于内陆，对海鲜味道相对不熟悉，特别是海水所独具的味道，早期又以干货为主，因此海鲜及其干制品在四川被统称为海味。

　　掌中宝是鸡膝关节部位的软骨，又叫鸡膝脆骨，富含胶质、钙质，有着嘎蹦脆的口感，加上海鲜味浓文蛤，在风味及口感上就有了鲜明的风格，滋味上则是在鲜辣感之外，加入清香麻的藤椒油、青花椒，进一步提香压异味，让人再三回味。

▌食材·调料

文蛤 500 克，掌中宝 300 克，青二荆条辣椒 300 克，大蒜 50 克，干青花椒粒 3 克，川盐 2 克，味精 5 克，鸡精 10 克，辣鲜露 15 克，芝麻油 15 克，料酒 10 克，淀粉 15 克，藤椒油 10 克，色拉油 1500 克（约耗 130 克）

▌烹调流程

1. 文蛤入开水锅中余一水捞出沥干水分备用；青二荆条辣椒切成 1.5 厘米的节。

2. 掌中宝用川盐、料酒、淀粉码拌均匀备用；锅入色拉油（约七分满），大火烧至近八成热（约 230℃），下入掌中宝炸至金黄酥香，出锅沥油备用。

3. 另取净锅入色拉油 80 克，大火烧至六成热，下大蒜爆香后加入干青花椒粒继续煸炒至香，放入文蛤、炸酥掌中宝、青二荆条辣椒节炒匀，下入川盐、味精、鸡精、辣鲜露、芝麻油、藤椒油调味炒匀，出锅装盘成菜。

▌大厨秘诀

1. 选新鲜、无泥沙、肉肥厚的文蛤；掌中宝去掉油沫、边角多余的肉，修切整齐均匀，成菜才显得料足而美观。

2. 掌中宝入油锅不宜炸得太干，成菜口感才滋润。

3. 必须炒出干花椒的麻香味，否则会失去成菜麻香厚重的特点。

吊火锅是近几年流行的火锅形式，冬季时吊火锅的炭火兼具暖炉效果，在寒冷冬季的户外食用别有一番吃情。

104
青椒美容蹄

质地滋糯，青辣椒香味浓郁

【川辣方程式】 青二荆条辣椒　辣鲜露　青椒鲜辣味　烧　炒

　　猪手是猪前蹄的别称，因其皮滋糯，胶原蛋清含量丰富，四川人又喜称其为"美容蹄"，经卤制后色泽棕红、质地滋糯、酱香味浓，味道醇厚却不爽口，这里加入鲜椒味浓的青二荆条辣椒半炒后成菜，增添微辣的鲜香爽口感，色泽也有了变化，搭配上吊锅盛装、保温，让人眼睛一亮。

▌食材·调料

卤熟前猪蹄（见 P288）750 克，青二荆条辣椒 350 克，干青花椒粒 3 克，生姜丁 10 克，大蒜丁 10 克，辣鲜露 20 克，川盐 2 克，味精 10 克，鸡精 10 克，白糖 2 克，芝麻油 30 克，藤椒油 35 克，色拉油 75 克

▌烹调流程

1. 青二荆条辣椒切滚刀块。

2. 净锅上大火下色拉油烧至六成热时，下生姜丁、大蒜丁、干青花椒粒爆香。再下 1/2 量的青二荆条辣椒块、熟前猪蹄入锅煸炒翻匀。

3. 炒至青二荆条辣椒呈虎皮状，辣椒的香味融入到猪蹄中。再下剩余的 1/2 青二荆条辣椒块翻炒，同时调入川盐、味精、鸡精、白糖、继续翻炒至匀。

4. 待第二次的辣椒块刚断生，加入芝麻油、藤椒油炒匀出锅即成。

▌大厨秘诀

1. 猪蹄最好提前批量卤熟加工，再分成适当的量，出菜速度更快、味型更加稳定。

2. 青二荆条辣椒最好分两次入锅炒。第一次是将辣椒的糊辣味炒出来，第二次是增加菜肴鲜香味及翠绿颜色。

3. 第二次青二荆条辣椒入锅后不宜久炒，会影响成菜的卖相，刚断生即可。

藤椒是青花椒的一种，其特色为香气更足，麻感舒适，苦味低。藤椒与青花椒的使用因江湖菜而兴起，经过 30 年的应用普及，新川菜已经离不开藤椒与青花椒了。图为四川绵阳三台县的藤椒种植基地。

105

青椒毛血旺

色泽翠绿，麻辣鲜香爽口，回味悠长而持久

【川辣方程式】 青小米辣椒＋红小米辣椒＋青小米辣椒油＋纯炼制老油＋青椒麻辣味 | 炒、煮

　　毛血旺，色泽红亮、麻辣鲜香是其经典风貌，创新的青椒毛血旺则是完全颠覆此色香味，将关键的红干辣椒置换为鲜青辣椒，以青椒炼制青椒油取代红油，青花椒取代红花椒，成菜后一片翠绿，一改经典毛血旺的醇熟麻辣为清新麻辣，更加爽口诱人。

▌食材·调料

鲜鸭血 250 克,千层肚 100 克,黄喉 50 克,火腿肠 50 克,理净黄鳝 50 克,酥肉 50 克,黄豆芽 100 克,干青花椒粒 30 克,青小米辣椒节 250 克,红小米辣椒节 50 克,川盐 10 克,鸡精10 克,味精 3 克,冰糖 5 克,生姜片 5 片,小葱节 15 克,醪糟 50 克,青小米辣椒油(见 P234)500 克,纯炼制老油(见P062)500 克,清高汤 1000 克

▌烹调流程

1. 黄豆芽洗净,沥水备用。鲜鸭血改刀成厚约 1 厘米的片,备用。取净汤锅下入青椒油、纯炼制老油混和均匀成"青椒老油",备用。

2. 千层肚改成 10 厘米的小段;黄喉切成佛手花刀;火腿肠切成菱形片;理净黄鳝去骨切成 6 厘米的段,分别入开水锅中汆一水出锅沥水,备用。

3. 净炒锅入纯炼制老油,中火烧热至五成多(约 160℃),下生姜片、小葱节爆香后加清高汤,大火烧沸。

4. 调入川盐、鸡精、味精、冰糖、醪糟,煮沸后下入黄豆芽煮断生即捞出,垫于碗底,再放入鲜鸭血片煮至七成熟时,加入千层肚、黄喉、火腿肠、黄鳝、酥肉一起烧,烧约 3 分钟至入味,出锅盖在黄豆芽之上。

5. 另取净锅入青小米辣椒油,大火烧至六成热时,下入干青花椒粒、青小米辣椒节、红小米辣椒节炒香,出锅浇在煮熟食材上即成。

▌大厨秘诀

1. 熬制青椒油及纯炼制老油时,必须注意控制投料的先后顺序。

2. 熬制老油时必须控制油的温度及加热时间、火力大小,以免温度过高将原料熬焦而产生异味,从而影响出品的口味。

3. 刚炒制好的纯炼制老油需要浸泡 24 小时后再使用,辣椒、香料、花椒的香味才能融入油中,回味更加厚重持久。

4. 鲜鸭血不宜煮制过久,以刚熟透为宜。煮的时间太久会影响鸭血的细嫩口感。

5. 麻辣菜品川盐的底味一定要充足,以免出现刺喉的干辣,但麻辣的香味又不够浓厚。

6. 出锅盖在表面的青花椒、青小米辣椒节、红小米辣椒节不宜炒制太久,出香并刚断生即可,否则影响成菜口味及出品的颜色。

位于武侯祠旁的锦里古街是一条仿古步行商业街,街道建筑以清末民初风格修筑,多数店家都是以三国文化和四川民俗工艺、饮食小吃为主题。图为锦里古街的夜景。

青椒耗儿鱼

106

清香麻辣厚重，肉质细嫩

【川辣方程式】青二荆条辣椒＋泡二荆条辣椒＋七星干辣椒＋郫县豆瓣酱＋老干妈豆豉辣椒酱
＋纯炼制老油＋鲜椒麻辣味＋烧

　　耗儿鱼是海鱼，学名绿鳍马面鲀，俗名有马面鱼、剥皮鱼、白达仔，肉质细致富弹性，因皮厚又粗，市场上看到的状态都是去皮、去头的。四川位于内陆，市场上的耗儿鱼都是速冻鲜货，因此烹调前的处理对风味的影响明显。

　　耗儿鱼的海味鲜明，调味时突出鲜辣味来形成风格，另加入纯炼制老油、豆瓣酱、辣椒酱，让滋味有足够的醇厚感。

▌食材·调料

冰鲜耗儿鱼 750 克，小苏打 10 克，青二荆条辣椒圈 150 克，郫县豆瓣酱 40 克，泡二荆条辣椒末 100 克，姜末 20 克，蒜末 30 克，大葱 40 克，老干妈豆豉辣椒酱 100 克，汉源红花椒粒 5 克，七星干辣椒 30 克，泡酸萝卜片 100 克，川盐 3 克，味精 5 克，鸡精 10 克，胡椒粉 2 克，白糖 3 克，料酒 15 克，酸辣鲜露 15 克，大骨汤 2000 克（见 P287），纯炼制老油 150 克（见 P062），芝麻油 15 克，花椒油 20 克，色拉油 80 克

耗儿鱼腌料：川盐 8 克，味精 5 克，胡椒粉 2 克，料酒 20 克，姜葱水 300 克（见 P286）

▌烹调流程

1. 将冰鲜耗儿鱼化冻以后纳入盆中，加水至淹过耗儿鱼，加入小苏打搅匀，浸泡 3 小时，再用清水冲干净碱味。纳盆后下入耗儿鱼腌料码匀、入味，备用。

2. 净锅下纯炼制老油，大火烧至六成热，下汉源红花椒粒、七星干辣椒、泡酸萝卜片爆香，下姜末、蒜末、大葱、郫县豆瓣酱、泡二荆条辣椒末、老干妈豆豉辣椒酱炒香，掺入大骨汤 2000 克，烧沸熬煮 5 分钟，沥去料渣留酸萝卜片及汤汁备用。

3. 熬制好的汤汁倒入高压锅内，调入川盐、味精、鸡精、胡椒粉、白糖、料酒、酸辣鲜露搅匀，放入码入味的耗儿鱼，盖好盖子，上中火压煮 2 分钟，离火闷 3 分钟后再泄压开盖，即可出锅装入深盘。

4. 另取净锅下入色拉油、芝麻油、花椒油，中火烧至六成热，下青二荆条辣椒圈炒香后淋在深盘中的耗儿鱼上成菜。

▌大厨秘诀

1. 因为耗儿鱼是冰鲜食材，肉质厚实但死板，烹制前需腌渍处理，处理后鱼肉口感才细嫩。

2. 腌制后的耗儿鱼一定要退干净碱味，否则会影响后期成菜的口味。

3. 确保成菜的风味品质，首先因压煮时无法调味，必须先将汤汁的口味调整到位；其次是控制好压力锅压煮的时间，以压煮搭配焖制。

4. 青二荆条辣椒圈在锅内炒至出香即可，避免炒制时间太长失去翠绿色泽。

成都美食是按早中晚及宵夜四个时间段轮番上菜的，其中宵夜被成都人称为"鬼饮食"，因早期经营鬼饮食多是小摊摊，人们就着一点灯火吃喝起来，远看犹如"鬼影重重"而戏名为"鬼饮食"，这些摊摊配合成都人爱打麻将，多营业至凌晨二三点，少数通宵。

107 米椒跳跳蛙

入口鲜辣，肉质滑嫩

【川辣方程式】 红小米辣椒＋辣鲜露＋鲜辣味＋炒味

　　牛蛙肉质鲜甜细嫩有弹性，是许多人的最爱。此菜重用辣度高、辣感鲜明的小米辣椒，是一道可以让人辣到跳的菜品，加上牛蛙是跳着移动，菜名就顺理成章地取作"米椒跳跳蛙"。

　　自1990年代江湖川菜流行后，川菜中高辣度的菜才有所增加，近10年因年轻人喜欢重辣、刺激的口味，大麻大辣的菜越见普遍，滋味风格也更加成熟。

▎食材·调料

牛蛙750克，红小米辣椒300克，泡姜50克，干青花椒粒5克，川盐3克，胡椒粉1克，淀粉25克，辣鲜露50克，料酒10克，味精5克，鸡精5克，白糖2克，芝麻油15克，花椒油10克，色拉油750克（约耗120克）

▎烹调流程

1. 牛蛙宰杀后去皮、内脏处理干净，剁成1.5厘米大小的块状，放入盆中，调入川盐、胡椒粉、淀粉码匀入味，备用。红小米辣椒、泡姜均切成0.5厘米的颗粒状。

2. 锅上大火入色拉油烧至近七成热（约200℃），下入码好味的牛蛙肉滑炒至熟，出锅沥油备用。

3. 锅中留油约75克，下泡姜丁、干青花椒粒爆香，接着下红小米辣椒粒翻炒均匀后加入滑熟牛蛙肉，调入辣鲜露、料酒、味精、鸡精、白糖炒香，再加入芝麻油、花椒油炒匀，即可出锅成菜。

▎大厨秘诀

1. 牛蛙宰杀后的刀工处理要大小均匀，烹炒时才能均匀成熟、入味且更加美观有食欲。

2. 牛蛙最好现宰、现烹，因牛蛙肉容易吐水而导致肉质干硬，且码味上浆后应尽快烹炒，避免牛蛙肉吐水而脱浆，影响出品效果。

3. 牛蛙肉滑炒时注意油温的控制。油温过低蛙肉滑炒后不易成形、易碎；油温过高蛙肉入锅起团不易炒散，影响出品效果。

4. 小米辣椒入锅不宜久炒，必须确保小米辣新鲜、亮丽，但又必须将小米辣椒的鲜辣味完全融入蛙肉里面。

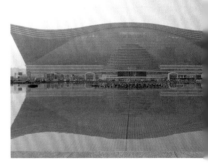

想感受现代成都就要到成都南部的高新区，为商业金融中心。图为成都南面的新世纪环球中心及周边清晨景致。

108
甜椒肉丝

色泽红亮，质地细嫩，咸鲜爽口

【川辣方程式】 大甜椒＋咸鲜味＋炒

　　大甜椒又称柿子椒、彩椒，鲜甜味明显且不辣，目前有绿、红、黄、紫等多个品种，主要当蔬菜食用而不是作为调味料。大甜椒因颜色鲜艳而被广泛用于配菜，也能自成一菜，这里搭配猪肉丝急火短炒，成菜亮丽、入口鲜爽。

▍大厨秘诀

1. 肉丝也可选择猪后腿肉，一样要把肉的筋、膜去掉，成菜口感才精致。

2. 蒜薹、仔姜丝在菜肴中主要起到岔色的作用，用量不能过多而影响甜椒的红亮色彩。

3. 芡汁在出锅前需要大火收汁，才能达到川菜小煎小炒的散籽、亮汁、亮油的成菜特点。

云南偏好鲜辣的口感，因此在市场中很容易见到贩售各种鲜辣椒或鲜辣酱的摊摊。

▍食材·调料

猪里脊肉 300 克，大甜椒 200 克，蒜薹 50 克，仔姜 50 克，川盐 3 克，料酒 15 克，酱油 3 克，胡椒粉 1 克，白糖 1 克，味精 3 克，鸡精 5 克，淀粉 15 克，色拉油 80 克

▍烹调流程

1. 猪里脊肉去筋，再将肉切成粗约 0.3 厘米的二粗丝，放入盆中，加入川盐 1 克、料酒 10 克、酱油 2 克、淀粉 10 克，拌匀码味上浆，备用。

2. 大甜椒去掉蒂把、辣椒籽后切成二粗丝；蒜薹切成寸节；仔姜洗净切成细丝状。

3. 取一碗调入川盐 2 克、味精、鸡精、白糖、料酒 5 克、酱油 1 克、胡椒粉、淀粉 5 克搅拌均匀，即成味汁。

4. 锅上大火，入色拉油烧至六成热，下入码好味的肉丝炒散、断生，再放入甜椒丝、蒜薹节、仔姜丝翻炒均匀，最后烹入步骤 3 的味汁继续翻炒至芡汁裹在肉丝上，出锅装盘成菜。

大厨秘诀

1. 一定要将鸭蛋蛋黄煮熟、煮透，否则炸制时蛋黄易脱落。若无法取得海鸭蛋，也可以用普通鸭蛋代替。

2. 炸鸭蛋的油温要高，快速的将鸭蛋一次炸至定型、黄亮、酥脆即可。油温太低容易将蛋黄炸碎或脱落。

3. 炒制鸭蛋片时不宜在锅中久炒，容易将蛋黄、蛋清炒碎而影响成菜美观。

109

金钱海鸭蛋

色泽金黄，入口酥香，咸鲜微辣

【川辣方程式】 青二荆条辣椒＋辣鲜露＋微辣咸鲜味＋炸＋炒

　　这是一道吃香的菜，虽然重用青辣椒，但辣感轻微，目的是丰富口感，因此青辣椒入锅后要快速炒出香，避免释出过多的辣度，且要使青椒香充分渗入鸭蛋。

　　海鸭蛋是近年物流发达后，流行于四川的新食材。海鸭蛋是养在海岸湿地的鸭子产的蛋，鸭子以小鱼、小虾、小蟹为主食，其蛋的蛋黄更大、颜色橙红且香，蛋清也较细嫩。

食材·调料

新鲜海鸭蛋5个，青二荆条辣椒200克，大蒜15克，川盐5克，辣鲜露10克，味精3克，鸡精5克，淀粉50克，芝麻油5克，色拉油1000克（约耗100克）

烹调流程

1. 将新鲜海鸭蛋放入清水锅中，水量要淹过鸭蛋，并小火慢慢煮至开，续煮约5分钟关火，捞出熟鸭蛋放入凉水中浸泡至冷。

2. 剥去鸭蛋壳并将每个鸭蛋切3刀成4厚片备用。青二荆条辣椒切成厚约0.3厘米的圈备用。大蒜拍破备用。

3. 净锅入色拉油，大火烧至八成热，鸭蛋片一一裹匀淀粉，下入油锅中炸至金黄酥脆，捞出沥油备用。

4. 锅洗净后放入色拉油50克，中火烧至近七成热（约200℃），放入大蒜爆香，再下青二荆条辣椒圈炒匀，调入川盐、味精、鸡精、辣鲜露炒匀，放入炸金黄的鸭蛋片翻炒几下，再下芝麻油炒匀，出锅装盘成菜。

海鸭蛋是指广西、浙江等地放养在沿海红树林的鸭子所生的蛋。图为红树林，产海鸭蛋的鸭子就是放养在这种独特沿海环境，涨潮时被淹没，退潮时才露出来，而退潮后红树林间的丰富生物资源正是鸭子们的最爱。

110

仔姜千层肚

色泽红亮，姜味浓郁，鲜辣爽口开胃

【川辣方程式】 泡二荆条辣椒 红小米辣椒 青二荆条辣椒 仔姜鲜辣味 炒 烧

　　辛与辣是两种不同的刺激感觉，辛属于深层的痛觉，辣是浅层的痛觉，古人清楚区分，现在却是混在一起辛辣不分。姜的刺激感为"辛"，主要来自姜烯酚与6-姜酚的刺激，同时又有很好的除腥效果，因此只要是需去腥除异的地方就能看到姜的影子。

　　这里突出清香姜辛味再辅以鲜辣味，形成有层次感的刺激之余，还可减少内脏食材的异味，千层肚的质地软中带脆，口感上也与辛辣层次有所呼应，形成一个整体的复合感受。

食材·调料

千层肚 350 克，仔姜 100 克，泡姜 50 克，泡二荆条辣椒末 100 克，红小米辣椒 70 克，青二荆条辣椒 50 克，青花椒粒 3 克，姜末 50 克，蒜末 50 克，大葱颗 40 克，川盐 5 克，味精 5 克，鸡精 10 克，胡椒粉 1 克，料酒 15 克，陈醋 5 克，清水 600 克，芝麻油 10 克，花椒油 15 克，色拉油 80 克

烹调流程

1. 千层肚切成 6 厘米的段，汆水备用；仔姜、泡姜分别切成粗 0.1 厘米的细丝状；红小米辣椒一破二瓣成丝；青二荆条辣椒切成 5 厘米的小滚刀块。

2. 锅入色拉油，上大火烧至近七成热（约 200℃），下青花椒粒、大葱颗爆香后加入泡二荆条辣椒末、泡姜丝、姜末、蒜末、红小米辣椒丝炒香出色，加入清水烧沸再用川盐、味精、鸡精、胡椒粉、料酒调味，转中火熬制 2 分钟。

3. 下仔姜丝、青二荆条辣椒块煮约半分钟后，下入千层肚丝煮开，调入陈醋、芝麻油、花椒油，翻拌均匀出锅成菜。

大厨秘诀

1. 千层肚最好选用纯烹调煮熟至软的，成菜口感品质比较好；如果选用了碱涨发过再煮的千层肚，口感差、不易成形、易缩水。

2. 如果因为季节的变化没有仔姜，可以用大黄姜去表面粗皮后切丝代替。

3. 此菜主要突出仔姜、泡姜、生姜的辛辣鲜香味。

4. 控制好红小米辣椒、青二荆条辣椒的颜色不变，注意烧制的时间宜短不宜久煮。

四川人喜爱以口蘑（长城以北，张家口以外的蘑菇）为配料酿制的酱油，成品汁稠色艳，咸甜适度，天然鲜香。图为露天酱油酿制场。

111

烧椒鲜笋

入口清香而脆爽，烧辣椒味浓厚

【川辣方程式】青二荆条烧辣椒＋鲜辣味＋拌

　　烧辣椒一定要使用香气突出、微辣的青辣椒，红辣椒效果差，有椒香没清香且口感绵软，在四川的首选就是二荆条青辣椒。

　　经典烧椒鲜辣味带有淡淡的煳香是其特色之一，另一关键风味来自生菜籽油的独特辛辣气味，生菜籽油不只让口感滋润，也起到关键的风格塑造。而鲜笋拌上烧椒味汁，鲜上加鲜，滋味一绝。

许多人因为苦笋名中有"苦"字而拒吃，实际上苦笋的苦感远低于苦瓜，但笋香味却十分清爽浓郁，也是少数可以直接生吃的笋，十分鲜香爽脆而且回甜。每年的清明前后是苦笋产季，有机会一定要尝尝。图为苦笋农采笋风情。

▌食材·调料

鲜竹笋 400 克，青二荆条辣椒 100 克，川盐 2 克，味精 1 克，生菜籽油 25 克

▌烹调流程

1. 青二荆条辣椒去蒂把洗净，用柴火烧成虎皮状，泡入净水中，去皮后洗净、沥干，备用。

2. 鲜竹笋去壳切成筷子条，入沸水锅中煮约 5 分钟至熟，捞出漂入凉开水中至凉透，捞出沥干水分。

3. 烧辣椒切成粗丝纳入盆中，调入川盐、味精、生菜籽油及鲜笋条拌匀，装盘即成。

▌大厨秘诀

1. 此菜有一半的风味来自生菜籽油的独特香气，也可用熟菜籽油，但其独特香气较弱。

2. 建议选用新鲜楠竹笋，因其个大、肉厚，质地细嫩，可兼顾美观与口感。鲜竹笋需用沸水煮熟，再过一下凉水，可去除涩味、苦味。

3. 烧辣椒最好选用青二荆条辣椒，皮薄肉厚、成菜清香而不燥辣。

4. 可采部分烧辣椒剁成细末，部分烧辣椒用手撕成粗丝状或用刀切成丝方式拌入菜中，烧椒滋味更突出。

112

烧椒仔姜鹅肠

质地脆爽，焗辣烧椒味浓厚

【川辣方程式】 青二荆条烧辣椒＋鲜辣红油味＋拌

　　鲜鹅肠刚断生的状态拥有绝佳的软脆口感且滋润，搭配源自农村家常的烧椒滋味十分爽口。此菜以红油味为基础增加爽口的烧椒味，加入少量陈醋，有醋香无醋酸可以让红油味感不那么腻，仔姜鲜香味的加入让整体滋味有厚度却不失清爽，可以更好的与鹅肠的口感呼应。

食材·调料

鲜鹅肠 500 克，仔姜 100 克，青二荆条辣椒 120 克，仔姜片10 克，小葱花 10 克，料酒 10 克，川盐 2 克，生抽 5 克，白糖 3 克，陈醋 2 克，味精 5 克，芝麻油 30 克，红油辣椒 20 克（见P061），花椒油 5 克

烹调流程

1. 青二荆条辣椒去蒂把洗净，用柴火烧成虎皮状，泡入净水中，去皮后洗净、沥干，备用。

2. 鹅肠处理、清洗干净，锅内烧沸水放入姜片 5 克、料酒，再下入鹅肠，快速余烫后捞出，投入冰水中浸泡晾冷。

3. 将鹅肠捞出沥干水分，切成 10 厘米的短节。

4. 仔姜片用川盐 1 克码匀，腌一下备用。1/3 的沥净烧二荆条辣椒切成碎末，另 2/3 撕成粗条状。

5. 烧二荆条辣椒末放入盆中，加入川盐 1 克、生抽、白糖、陈醋、味精、芝麻油、花椒油、红油拌匀成味汁。

6. 熟凉鹅肠节下入味汁的盆中，加入仔姜片、烧二荆条辣椒条拌匀装盘，撒上小葱花成菜。

大厨秘诀

1. 沸水锅的水量要多些，鲜鹅肠不宜在沸水锅中煮的太久，烫至断生即可。避免口感不够脆爽。

2. 余水后的鹅肠须马上浸泡在有冰块的冰水中，急速一热一凉的处理方法能让鹅肠的口感更加脆爽。

3. 烧好的辣椒也可视需要改切成节、条、丝，烧辣椒主要在菜肴中起到烧椒焗辣香味浓厚的作用。节、条、丝等不同形态可带给客人不同的感官效果。

4. 拌制好的鹅肠菜品不宜久放，拌好即食效果最佳，因鹅肠在盐的腌渍下脆爽度会持续减弱。

想要体验成都原汁原味的"茶文化"就必须走一趟彭镇，俗称彭家场，在成都双流县境内，彭镇观音阁茶铺是极少数保存完好的老茶馆，在这里你能见到老茶桌、老竹椅、老茶客、老茶碗，一抹阳光洒入，恍若隔世。

113

烧椒皮蛋

皮蛋滑嫩，咸鲜微辣，烧椒味浓

【川辣方程式】 青二荆条烧辣椒＋鲜辣味＋拌

烧椒皮蛋做法简单滋味佳，是四川极为常见的家常菜，搭配的烧椒味汁因皮蛋本身的独特味道浓郁，于是将生青味重的菜仔油换成熟香味为主的芝麻油，避免风味过于极端。

▋ 食材·调料

松花皮蛋 4 个，青二荆条辣椒 60 克，川盐 1 克，生抽 2 克，香醋 2 克，白糖 1 克，蒜末 5 克，芝麻油 5 克，味精 1 克

▋ 烹调流程

1. 青二荆条辣椒去蒂把洗净，用柴火烧成虎皮状，泡入净水中，去皮后洗净、沥干，即成青二荆条烧辣椒，备用。

2. 松花皮蛋去蛋壳洗净，用刀切成 4~6 瓣放入盘内。

3. 二荆条烧辣椒切细末放入碗内，加入川盐、生抽、香醋、白糖、蒜末、芝麻油、味精调匀，淋在松花皮蛋上即可。

▋ 大厨秘诀

1. 皮蛋一定要选用上等、无铅的松花蛋；不宜选用溏心的松花蛋，如果采购到了溏心松花蛋，去蛋壳后入蒸笼内大火蒸 3~5 分钟，冷却后再调理成菜。

2. 切皮蛋时刀面容易粘连不易脱落，刀口上可蘸少量的清水或植物油减少粘连。

3. 烧辣椒最好选用青二荆条为原料。用铁钎串成一串，置柴火上烧成虎皮状；或将青二荆条辣椒去蒂把洗净后，放入烧红的铁锅内炒制成虎皮状。

4. 根据口味的需求，可以在调味时加入 8~10 克红油，成菜口味更加丰厚。

【香辣小知识】 皮蛋又名"变蛋"，常见的有两种，一种是鸭蛋做的墨绿色皮蛋，另一为鸡蛋做的，金黄透明如琥珀的皮蛋，原理一样，都是泡入碱性且有调味的液体，但碱性的来源不同，墨绿色皮蛋用松柏枝灰、碳酸钾、碳酸钠等让液体呈强碱性，而金黄色皮蛋单用石灰让液体呈强碱性，强碱经渗透作用改变蛋清及蛋黄的质地及风味。

四川乡镇里的榨油小作坊。小作坊多是代工，农民只要挑来自己收成的油菜籽，作坊师傅经炒、榨、滤等过程，就能获得香气浓郁的菜籽油，那香气隔着几条街都能闻到。

烧椒鱼片

鱼片白嫩，烧椒味浓，拌饭更佳

【川辣方程式】 青二荆条烧辣椒＋泡野山椒＋烧椒鲜椒味＋煮＋淋

　　制作川菜鱼肴有一重要元素：泡菜，因其乳酸香可以很好的强化河鲜的鲜美感受，也因此在四川以河鲜为主打特色的酒楼，一定都会自己制作相应的泡菜，从泡菜风味的调控来塑造自己的河鲜菜品特色。

　　此菜的烧椒味增加了酱香及泡野山椒的酸辣，滋味更加醇厚，入味到不易巴味的鱼片中，另鱼片本身滋味清鲜，为避免生菜籽油过浓的生青味压去鱼鲜味，这里改用炼去生青味的熟菜籽油。

■ 食材·调料

净乌鱼肉250克，青二荆条辣椒150克，泡野山椒末15克，小葱花2克，大蒜末3克，川盐3.5克，豉油12克，大头菜粒5克，鸡精1克，味精1克，白糖4克，香醋3克，淀粉10克，葱姜水（见P286）15克，花椒油2克，熟菜籽油20克

■ 烹调流程

1. 将青二荆条辣椒去蒂把洗净，置柴火上烧至虎皮状后泡入净水中，去皮、洗净、沥干，切成碎粒后纳入盆中。

2. 调入川盐1.5克、豉油、熟菜籽油、大头菜粒、泡野山椒末、鸡精、味精、白糖、小葱花、大蒜末、香醋、花椒油，捣碎、搅匀即成烧椒酱汁。

3. 乌鱼肉切成厚约0.2厘米的片，洗净，纳入盆中，下入川盐2克、淀粉、葱姜水码匀后搅打上劲、上浆。

4. 净锅下入清水至五成满，上大火烧沸，转中小火，上好浆的乌鱼片拨散后放入锅中，煮至鱼片熟透，捞出控干水分，装盘。

5. 浇烧椒酱汁于煮熟的鱼片上成菜。

■ 大厨秘诀

1. 鱼片切好后须冲干净血水，否则成菜后不够洁白。

2. 鱼片上浆前，务必用干净的棉布吸干水分，再搅打上劲、上浆，否则鱼片容易吐水而导致鱼片脱浆，影响鱼片的滑爽弹嫩度。

3. 煮鱼片时必须用干净的沸水，保持鱼片成菜的洁白度，再小火慢煮至鱼片漂于水面并熟，切忌大火煮，容易将鱼片上的浆冲掉而影响鱼片的嫩度。

4. 青二荆条辣椒也可以放入无油的干净锅内，上大火煸炒至虎皮状。

龚滩古镇位于重庆市西阳县西部的乌江与阿蓬江交汇处，与贵州省铜仁隔江相邻，具有1700多年历史，龚滩因水运而繁荣，后因水运的衰落而没落。古镇坝存长约3千米的石板街，多座形态各异的吊脚楼，是保存完好的明清建筑群。

附录：复制调料与食材预制

川菜百菜百味的基础就在复制调料，透过各种配方与炼制技巧复制成的调味油、酱汁，将使菜肴的鲜、香、麻、辣充满层次感，因此想要烹制出独具特色的川菜，就必须炼制属于自己风格的复制调料，可以说复制调料决定了基本的风味架构，烹调手法与其他调料的增减则是将菜品味型特色完善。

另部分菜品的主食材预制熟成后，具有一定通用性，但制作较花时间，在此一并介绍。

生菜籽油炼熟

川菜范围内的市场散装菜籽油都是纯压榨的生货，以热压榨工艺为主，少数生压榨，按菜籽原料可分为两种：黄菜籽油和黑菜籽油。黄菜籽油的色泽棕亮而清澈；黑菜籽油的色泽黑亮，倒一薄层油在白盘中，油色为黄中带绿，生菜籽味浓。一般去杂质及精炼程度中等的称为纯香型，去杂质及精炼程度低的称为浓香型。这类菜籽油都需经高温加热炼熟。

市售的品牌桶装纯香、浓香菜籽油都是热压榨的菜籽油，如金龙鱼、鲁花，多是去杂质及精炼程度中等以上，其生菜籽味更小，香味更纯粹些，但仍需要炼熟的工序，不过炼制时间可缩短。

另外颜色清透、菜籽味极轻的菜籽油则属于溶出式的菜籽油，都是高度精炼、去杂质、去色的菜籽油，多数商品名称为"芥花油"，优点是出油率几乎是压榨式的2倍，因此价格便宜，缺点就是没有风味，跟色拉油差不多。

▎原料
生菜籽油1000克

▎制作流程
1. 生菜籽油入锅旺火烧至约九成热（265~275℃）时，继续熬制约3~5分钟，当油色变浅（又称为发白）、冒青烟即熟。
2. 离火晾凉即为炼熟菜籽油。

▎技术关键
1. 因炼熟的油温极高，务必要小心操作。
2. 炼熟的菜籽油劣化速度较快，须尽快使用。

复制酱油（又名复制红酱油）

▎原料
红糖500克，八角5克，肉桂叶5克，山柰2克，桂皮2克，草果3个，

小茴香3克，红酱油2瓶，清水500克

▎制作流程
1. 将红糖切或压碎后下入汤锅，再下八角、肉桂叶、山柰、桂皮、草果、小茴香、红酱油、清水。
2. 中火煮开后用小火熬煮30分钟，沥去料渣，凉冷后即成复制酱油。

▎技术关键
1. 熬复制酱油时火力要小，慢慢熬煮至汤汁浓稠，让各种风味有足够的时间融合与浓缩。
2. 熬制过程中全程使用小火，以免红糖融化后焦在锅边，产生焦味，影响口感。
3. 为减少锅边烧焦现象，可将香料部分放入清水中熬出香味后，再放入红糖、红酱油熬至浓稠即可。
4. 红糖必须选用甘蔗红糖，焦糖味更浓郁。

水淀粉

▎原料
淀粉5克，清水15克

▎制作流程
将淀粉、清水放入碗中搅匀即成。

▎技术关键
淀粉与水的重量比是1：3，体积比是1：1，也就是一匙淀粉配一匙水混合即成。

姜葱水

▎原料
大葱50克，姜片50克，纯净水1000克，啤酒50克

▎制作流程
1. 将大葱、姜片放入榨汁机内，再加入纯净水、啤酒50克，搅碎。
2. 将搅碎后的葱姜水用漏丝勺沥去料渣留水，即成葱姜水半成品。

3. 将葱姜水半成品封好，入冰箱内低温存放 1 小时，让味道充分融合即为成品。

技术关键

1. 葱、姜入榨汁机（或破壁机）内搅 3~5 秒即可，不宜太久。

2. 只取用汁水，不要葱姜料渣，成菜更加清爽。

3. 入冰箱内冷藏一定时间可以让姜葱味更纯。

糖色

原料

白糖（或冰糖）500 克，色拉油 100 毫升，清水 300 克

制作流程

1. 将白糖、色拉油入锅小火慢慢炒至糖溶化后继续熬制。

2. 熬至糖液的色泽由白变成红棕而亮的糖液，并从冒大气泡后变小气泡时，加入清水，小火熬化，煮开后熬 5 分钟即成糖色。

技术关键

1. 冰糖熬制的糖色比白砂糖的效果更红亮。

2. 炒制糖色时油的用量要少，否则加水时容易产生油爆，导致烫伤，油太少糖在锅里不好炒化。

3. 糖液在锅中由大气泡刚开始变成小气泡时，迅速加入清水，否则糖色会太黑而产生焦味，影响糖色的使用效果。

蒸肉米粉

原料

糯米 250 克，普通大米 250 克，汉源干红花椒粒 3 克，二荆条干辣椒段 10 克，八角 3 个，小茴香粒 3 克，香叶 5 克

制作流程

将锅洗净小火烧干水分，将糯米、普通大米、汉源干红花椒、干辣椒段、八角、小茴香、香叶放入锅中，维持小火，不停翻炒至米熟且微黄出锅，用石窝捣碎成粉粒状即成。

技术关键

1. 不加香料炒制即成白味蒸肉粉。

2. 不加辣椒、花椒炒制，即成五香蒸肉米粉。

3. 全程小火并不停翻炒大米、香料，

使受热均匀。米熟至微黄。大米太生，蒸制时容易夹生不熟；炒的太久容易产生焦味而影响成菜口感。

4. 熟米粒不宜捣的太细，也不宜太粗，否则影响成菜口感及质感。

大骨汤

原料

猪大骨 7.5 千克，老母鸡 2.5 千克，老鸭 2.5 千克，清水 50 千克

制作流程

1. 将猪大骨、老母鸡、老鸭剁成大件，入冷水锅中以中大火慢慢烧开，期间去除血沫，煮透后捞出清洗干净备用。

2. 汤桶入清水 50 千克大火烧沸，下入余水处理后的猪大骨、老母鸡、老鸭，煮开后维持大火猛煮 2 小时，再转中火熬煮 1 小时即成汤色乳白、鲜味醇正的大骨汤。

技术关键

1. 熬煮汤的所有原材料必须新鲜、无异味和腥味，熬制出来的汤底才会鲜美。

2. 熬煮大骨汤的所有原料必须余水煮透，去除血腥味、血沫，是保证汤鲜的关键一步。

3. 熬制大骨汤时，火力一定要用大火猛煮，让所有原材料在汤桶中翻滚沸腾至少 2 小时，否则大骨汤成品的颜色不够白，口味也不会浓厚。行业俗话说：熬煮 1~2 小时称为水，熬煮 4~6 小时则为汤。

4. 熬制大骨汤的水，最好选用纯净水或山泉水，因为自来水经过消毒，带有漂白剂的味道，从而影响汤的底味鲜美。

清鸡汤

（又名鸡高汤、老母鸡汤）

原料

3 年以上老母鸡 1 只（约 2 千克），纯净水 3 千克。

制作流程

1. 将老母鸡处理治净后剁成大块，炒锅中加入清水至七分满，旺火烧开，将鸡入开水锅中余烫约 1~2 分钟，捞起洗净。

2. 将余过的老母鸡放入紫砂锅内灌入纯净水，先旺火烧开，再转至微

火慢炖 4~6 小时即成。

技术关键

1. 老母鸡的品质必须新鲜、肥厚，不能用冻品鸡熬汤。

2. 老母鸡剁成大块，需先余净血水，炖出来的鸡汤才够鲜美。

3. 熬鸡汤时必须用小火慢慢炖，汤才鲜而清澈，火大鸡汤容易浑而影响美感。

炝锅汤汁

（又称红汤卤汁、豆瓣红汤、红汤）

原料

泡辣椒末 250 克，郫县豆瓣酱 50 克，泡姜末 50 克，姜末 25 克，蒜末 20 克，大葱 40 克，色拉油 500 克，鲜高汤 3 千克，川盐 3 克，鸡精 5 克，胡椒粉 2 克，料酒 15 克。

制作流程

1. 色拉油入锅，中火烧至五成热，下泡辣椒末、郫县豆瓣酱、泡姜末、姜末、蒜末、大葱炒香。

2. 炒至颜色油亮、饱满时掺入鲜高汤，以大火烧沸，转小火熬 5 分钟。

3. 调入川盐、鸡精、胡椒粉、料酒推匀，捞尽料渣即成。

技术关键

1. 小火慢慢将各种水分多的调料炒至干香，色拉油的颜色红亮，无泡椒末、郫县豆瓣酱的生涩气味才可加水熬制，否则红汤风味不醇厚。

2. 红汤熬制好后加入食盐、鸡精、胡椒粉、料酒调味是增进红汤的基本味，让鱼炸香后浸泡更加有味。

3. 去掉料渣的目的是让后期成菜时更加洁净、美观。

287

川式卤水

原料

大骨汤（见P287）15千克，五花肉1千克，理净老鸡1只（约1.5千克），理净老鸭1只（约1.5千克），当归300克，白芷300克，化鸡油3000克，清水150克，沙姜粉95克，鸡精500克，川盐500克，味精400克，大王酱油320克，财神蚝油900克，薄荷糖450克，麦芽糖250克，麦芽酚25克，海天老抽100克，糖色700克，红曲米100克

香料包：白蔻20克，八角30克，草果20克，白芷150克，砂仁40克，干红花椒30克，七星椒100克，红栀子20克，木香25克，香草10克，香茅草15克，全部装入纱布袋，扎紧袋口即成。

制作流程

1. 大骨汤下入汤桶内，大火烧沸后转小火。

2. 另起一沸水锅，下入香料包余一水后捞出，放入小火熬煮的大骨汤中。再起一沸水锅，下入五花肉、老鸡、老鸭余烫以去除血水，捞起备用。

3. 将化鸡油2000克下入炒锅，放入当归、白芷，小火慢慢炸香至无水分后，续加清水慢慢熬至无水分时离火冷却，捞尽料渣，将油倒入汤桶内。

4. 将沙姜粉、鸡精、川盐、味精、大王酱油、财神蚝油、薄荷糖、化鸡油1000克、麦芽糖、麦芽酚、海天老抽、糖色加入小火熬煮的大骨汤中。

5. 将红曲米100克放入纱布袋再放入大骨汤煮开。将余水后的五花肉、老鸡、老鸭放入汤桶中，小火熬煮4小时关火，捞出红曲米，加盖闷至汤自然凉透后，再浸泡6小时。

6. 将汤桶中的五花肉、老鸡、老鸭捞出不用，小火烧开后即成色泽枣红、香味醇正、回味厚重的老卤汤。

技术关键

1. 香料包入沸水中煮的目的是去除香料的污水，如果香料包直接放入卤锅内熬制，后期会影响卤汤的颜色发黑，从而影响成品的色泽美观。

2. 糖色炒的过嫩色泽过浅，卤制的成品色泽会上不去，口味发甜；糖色炒的过老，卤制的成品会发暗发黑，口味会出现回苦现象。炒糖色时一定要将焦糖香炒出。

3. 第一次熬制卤水，一定要将五花肉、鸡、鸭的肉香味及其所含的胶原蛋清完全融入汤内，这样的卤汤卤制的成品才没有异味，也更加鲜美。此外放凉后继续浸泡的目的是吸掉香料的药味。

4. 熬制卤水时，必须用小火慢慢熬煮，火大很快将汤烧干，锅边会烧焦而焦味会影响卤味的醇正。

5. 卤制原料时应使用小火慢卤，大火卤制的原料颜色重，且容易发黑又不入味。

猪蹄卤制

原料

前猪蹄10千克，川式卤水1锅，红曲米100克，色拉油适量

烹调制法

1. 猪蹄用大火烧净残毛，刮洗干净后，对剖成两半，再宰成块。

2. 取适当大小的汤锅，加水至五分满并下红曲米，大火烧沸后放入猪蹄块，煮约5分钟至猪蹄表皮上色后将猪蹄捞出，以清水冲洗尽料渣，沥水备用。

3. 锅中放色拉油至六分满，大火烧至六成热，转中火下入熟猪蹄炸至定形后，转小火浸炸至表皮紧皱、色泽红亮时出锅。

4. 将卤水用大火烧开后转小火，放入炸好的猪蹄卤约60分钟，捞出放凉即成。

白卤牛肉

原料

牛腩肉2千克，清水5千克，川盐60克，味精10克，鸡精10克，白酒20克，胡椒粉5克，新一代干辣椒节15克，汉源干花椒5克，八角10克，桂皮5克，陈皮10克，山奈6克，香叶10克，姜片15克，大葱30克

制作流程

1. 牛腩肉切成大块，入开水锅中煮透以去血末，捞出洗净备用。

2. 将清水倒入适当的汤锅内大火沸，放入川盐、味精、鸡精、白酒、胡椒粉、新一代干辣椒、汉源干花椒、八角、桂皮、山奈、香叶、姜片、大葱滚煮5分钟后转小火。

3. 放入煮透的牛腩肉以小火慢慢卤煮3小时，卤至牛腩肉软糯后捞出，晾凉即成。

技术关键

1. 牛腩肉的油、筋比较多，卤软糯以后的口感比较细腻；牛霖肉纤维比较长、无筋、肉质细嫩。

2. 白卤加工时牛肉改刀的块要大，后期切条才能成形，另卤熟的牛肉务必放至凉透后再刀工处理，否则容易碎散，影响成菜美观。

3. 可以使用高压锅节约时间，一般是先入高压锅中小火压煮约20分钟，泄压开锅盖后再小火慢慢焖煮90分钟。

4. 卤制原料时一定要用小火一次卤成效果最佳，绝不能用大火，火力过大会很快就将卤汤汁烧干，中途加水卤出来的滋味、香气都较差。

5. 卤煮牛肉的盐底味一定要充足，因回锅二次炒制与调味过程的时间极短，无法在此阶段让盐味入到牛肉里，成菜风味会变得寡薄。